设 计 师 的

环境艺术设计

色彩搭配手册

甘 霖————编著

清华大学出版社

北 京

内 容 简 介

这是一本全面介绍环境艺术设计的图书,其突出特点是通俗易懂、案例精美、知识全面、体系完整。

本书从学习环境艺术设计的基础理论知识入手,由浅入深地为读者呈现精彩实用的知识、技巧、色彩搭配方案、CMYK数值。本书共分为7章,内容分别为环境艺术设计基础、认识色彩、环境艺术设计基础色、环境艺术设计的空间分类、环境艺术设计的风格、环境艺术设计与照明、环境艺术设计的经典技巧。在多个章节中安排了常用主题色、常用色彩搭配、配色速查、色彩点评、推荐色彩搭配等经典模块,在丰富本书结构的同时,也增强了实用性。

本书内容丰富、案例精彩、环境艺术设计新颖,适合环境艺术设计、室内设计、园林景观设计等专业的初级读者学习使用,也可以作为大、中专院校环境艺术设计、室内设计、园林景观设计专业培训机构的教材,还非常适合喜爱环境艺术设计的读者朋友作为参考用书。

图书在版编目(CIP)数据

设计师的环境艺术设计色彩搭配手册 / 甘霖编著. —北京:清华大学出版社,2021.3
ISBN 978-7-302-57481-1

Ⅰ.①设⋯ Ⅱ.①甘⋯ Ⅲ.①环境设计—色彩学—手册 Ⅳ.①TU-856

中国版本图书馆CIP数据核字(2021)第021530号

责任编辑:韩宜波
封面设计:杨玉兰
责任校对:李玉茹
责任印制:丛怀宇

出版发行:清华大学出版社
　　　　网　　　址:http://www.tup.com.cn,http://www.wqbook.com
　　　　地　　　址:北京清华大学学研大厦 A 座　　　邮　　编:100084
　　　　社 总 机:010-62770175　　　　　　　　　邮　　购:010-62786544
　　　　投稿与读者服务:010-62776969,c-service@tup.tsinghua.edu.cn
　　　　质 量 反 馈:010-62772015,zhiliang@tup.tsinghua.edu.cn
印 装 者:小森印刷(北京)有限公司
经　销:全国新华书店
开　本:185mm×210mm　　　**印　张:**9.3　　　**字　数:**296 千字
版　次:2021 年 3 月第 1 版　　　**印　次:**2021 年 3 月第 1 次印刷
定　价:69.80 元

产品编号:088376-01

这是一本普及从基础理论到高级进阶实战环境艺术设计知识的书籍，以配色为出发点，讲述环境艺术设计中配色的应用。书中包含了环境艺术设计必学的基础知识及经典技巧。本书不仅有理论，有精彩案例赏析，还有大量的色彩搭配方案、精确的CMYK色彩数值，让读者既可以作为赏析，又可以作为工作案头的素材书籍。

本书共分7章，具体安排如下。

第1章为环境艺术设计基础，介绍环境艺术设计的概念、原则、涵盖的方向，是最简单、最基础的原理部分。

第2章为认识色彩，包括色相、明度、纯度、主色、辅助色、点缀色、色相对比、色彩的距离、色彩的面积、色彩的冷暖。

第3章为环境艺术设计基础色，包括红色、橙色、黄色、绿色、青色、蓝色、紫色，以及黑、白、灰。

第4章为环境艺术设计的空间分类，包括客厅、卧室、餐厅、厨房、书房、卫浴、玄关、休息室、楼梯、庭院、创意空间、商业空间。

第5章为环境艺术设计的风格，包括中式、现代、欧式、美式、法式、新古典、东南亚、地中海、混搭、极简、工业、复古。

第6章为环境艺术设计与照明，包括环境艺术设计中照明的重要性、自然照明和人工照明。

第7章为环境艺术设计的经典技巧，精选15种设计技巧进行介绍。

本书特色如下。

■ **轻鉴赏，重实践**

鉴赏类书籍只能看，看完自己还是设计不好；本书则不同，增加了多个动手的模块，让读者边看、边学、边练。

■ **章节合理，易吸收**

第1~3章主要讲解环境艺术设计的基础知识、基础色；第4~6章介绍环境艺术设计的空间分类、风格，以及环境艺术设计与照明；第7章以轻松的方式介绍15种设计技巧。

■ **设计师编写，写给设计师看**

针对性强，而且知道读者的需求。

■ **模块超丰富**

常用主题色、常用色彩搭配、配色速查、色彩点评、推荐色彩搭配在本书中都能找到，一次性满足读者的求知欲。

在本系列图书中，读者不仅能系统学习环境艺术设计，而且还有更多的设计专业供读者选择。

希望通过对知识的归纳总结、趣味的模块讲解，打开读者的思路，避免一味地照搬书本内容，推动读者必须自行多做尝试、多理解，增强动脑、动手的能力。希望通过本书，激发读者的学习兴趣，开启设计的大门，帮助您迈出第一步，圆您一个设计师的梦！

本书由淄博职业学院的甘霖老师编著，其他参与编写的人员有李芳、董辅川、王萍、孙晓军、杨宗香。

由于编者水平有限，书中难免存在错误和不妥之处，敬请广大读者批评和指出。

编　者

CONTENTS 目 录

第1章
环境艺术设计基础

第2章
认识色彩

第4章
环境艺术设计的空间分类

第3章
环境艺术设计基础色

第5章
环境艺术设计的风格

第6章
环境艺术设计与照明

第7章
环境艺术设计的经典技巧

第1章

环境艺术设计基础

环境艺术设计是一门综合学科，涵盖的方向广泛。在进行相关设计时要遵循基本的设计原则，掌握设计规律。

1.1 环境艺术设计的概念

环境艺术是绿色的艺术与科学，其中，城市规划、园林景观、室内设计、交通建筑、陈列展示、商业空间等方面都属于环境艺术的范畴。

环境艺术设计就是以受众需求为出发点，通过有序的规划与艺术性的设计，对有限的空间进行装饰，使其呈现艺术美感。

1.2 环境艺术设计的原则

在进行环境艺术设计时，我们需要遵循一定的设计原则。比如说，实用性原则、舒适性原则、艺术性原则。不同的设计原则具有不同的侧重点，在进行相关的设计时要根据实际情况进行选择。

1.2.1 实用性原则

实用性原则是环境艺术设计要遵循的最基本原则，因为设计的目的就是给受众带去便利。比如说，一个非常赏心悦目的室内住宅设计，如果不能满足住户的基本生活需求，再时尚的设计也是没有任何意义的。

1.2.2 舒适性原则

舒适性原则，就是除了为受众带去身体方面的舒适享受之外，还要提高整体的视觉效果。环境艺术设计的目的就是在满足受众的基本需求基础上进行创作，因此一定要注重整体的体验效果。

1.2.3 艺术性原则

艺术性原则，就是让整体设计在满足基本的实用性与舒适性原则的基础上，为受众带去美的享受。比如说，一家精致装修的餐厅相对于普通餐厅来说，具有更强的视觉吸引力。

1.3 环境艺术设计涵盖的方向

环境艺术设计涵盖的方向非常广泛，常见的有居住空间设计、商业空间设计、室外建筑设计、景观设计、展示陈列设计等。

1.3.1　居住空间设计

　　居住空间设计，就是根据住户的需求与喜好，将空间进行装饰与改造，其中包括卧室、客厅、卫浴、休息室等。

　　这是一款住宅餐厅设计。开放的厨房，加强了空间之间的联系。可滑动的木质玻璃门，住户可以将室外美景尽收眼底。原木色的运用，给人温馨、柔和的感受。而且在不同纯度的变化中，增强了空间的层次感和立体感。

CMYK: 36,30,27,0
CMYK: 41,55,69,0
CMYK: 62,90,100,57

推荐配色方案

CMYK: 81,49,84,10　CMYK: 33,30,25,0
CMYK: 23,45,73,0　CMYK: 93,89,87,79

CMYK: 88,56,32,0　CMYK: 15,64,42,0
CMYK: 86,88,90,77　CMYK: 33,49,70,0

　　这是位于瑞士改建的住宅休息室设计。空间中摆放的简易桌椅，为住户休息与交流提供了便利。白色的墙体在光照作用下，提高了空间的亮度。少量绿植的点缀，为单调的空间增添了生机与活力。

CMYK: 29,22,20,0
CMYK: 78,55,100,21
CMYK: 93,89,87,79

推荐配色方案

CMYK: 36,52,64,0　CMYK: 74,60,100,30
CMYK: 18,13,13,0　CMYK: 59,76,100,36

CMYK: 84,51,39,0　CMYK: 31,25,19,0
CMYK: 36,92,45,0　CMYK: 96,93,80,74

1.3.2　商业空间设计

　　商业空间包括的范围比较广泛，如餐厅、商店、娱乐休闲场所等。在对该种类型的空间进行设计时，要结合整体的商品性质、顾客需求、地域特性等因素。

　　这是海边餐厅设计。餐厅中藤制的天花板、粉色的吧台、青绿色的座椅，以及黄铜色的桌子，在鲜明的颜色对比中尽显空间的优雅格调与活跃氛围。深灰色的水泥地板，中和了颜色的跳跃，增强了整体的视觉稳定性。

CMYK：69,65,73,25
CMYK：49,64,84,7
CMYK：39,9,35,0
CMYK：11,18,10,0

推荐配色方案

CMYK：38,39,43,0　CMYK：73,71,78,41
CMYK：35,16,29,0　CMYK：25,65,32,0

CMYK：96,86,17,0　CMYK：22,40,47,0
CMYK：96,91,82,75　CMYK：24,18,16,0

　　这是天鹅咖啡馆设计。将充满神话色彩与优雅气质的天鹅作为展示图案，尽显餐厅的格调与独特品位。蓝色的运用，在不同明度以及纯度的变化中增强了空间的层次感和立体感，同时也与餐厅的整体氛围十分吻合。

CMYK：68,60,53,5
CMYK：76,62,18,0
CMYK：13,7,4,0

推荐配色方案

CMYK：38,52,100,0　CMYK：94,55,100,31
CMYK：22,18,17,0　CMYK：93,75,24,0

CMYK：31,52,65,0　CMYK：97,73,25,0
CMYK：17,74,49,0　CMYK：90,84,65,45

1.3.3　室外建筑设计

室外建筑，简单地说，就是我们可以看到的各种房屋以及高楼大厦。由于建筑的性质与功能不同，因此在进行相关设计时要根据具体情况，采用合适的设计手法。

这是咖啡馆设计。采用由抛光不锈钢打造而成的吧台，其网状外表皮让人不禁联想到剧院的折叠式幕布。以极具创意的方式，为人们提供了一个休闲娱乐的场所。而深棕色的运用，则增强了整体的视觉稳定性。

CMYK: 33,36,29,0
CMYK: 65,62,63,11
CMYK: 45,53,60,0

推荐配色方案

CMYK: 67,73,65,24　CMYK: 30,27,27,0
CMYK: 91,72,13,0　CMYK: 39,56,63,0

CMYK: 78,29,50,0　CMYK: 19,50,93,0
CMYK: 66,64,58,9　CMYK: 5,62,45,0

这是以"森林的语言"为主题的壳屋设计。被绿树环绕的壳屋，真正做到了让建筑与地球对话。一侧开口的设计，不仅提供了充足的光照，而且加强了室内外的联系。室内陈设均以原木色为主，为空间增添了些许柔和与温馨的气息。

CMYK: 70,44,100,4
CMYK: 75,64,82,34
CMYK: 51,67,100,13

推荐配色方案

CMYK: 48,79,100,16　CMYK: 13,29,38,0
CMYK: 72,50,86,9　CMYK: 19,15,20,0

CMYK: 36,38,42,0　CMYK: 73,73,82,49
CMYK: 55,35,45,0　CMYK: 85,56,100,30

1.3.4 景观设计

景观包括自然景象与人造景象，这里所说的景观设计是指人造景象。比如说，城市的标志性雕塑、休闲娱乐的公园、简单的城市绿化等，这些都属于景观设计。

这是"树篱漫步"景观装置设计。整个装饰运用侧柏结合着彩色绳带，打造出一个大型的吊床结构，人们可以在上面休息和嬉闹。而且夜晚时分上面缠绕的彩灯灯光，使其特别耀眼。

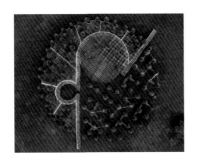

CMYK: 89,64,100,51
CMYK: 75,31,6,0
CMYK: 9,5,59,0
CMYK: 4,65,23,0

推荐配色方案

CMYK: 35,100,62,1   CMYK: 77,31,0,0
CMYK: 100,93,74,67   CMYK: 15,5,56,0

CMYK: 73,35,27,0   CMYK: 33,64,100,0
CMYK: 27,22,16,0   CMYK: 33,88,40,0

这是林荫道景观改造设计。将街道中的黄色圆圈装置作为休闲雕塑座椅，可供儿童或者大人就座、集会和玩耍。而且其高明度的黄色，在周围环境的衬托下十分醒目。少量灰色以及深棕色的点缀，增强了整体的视觉稳定性。

CMYK: 19,25,38,0
CMYK: 18,33,100,0
CMYK: 51,40,36,0

推荐配色方案

CMYK: 7,91,68,0   CMYK: 100,67,66,29
CMYK: 11,5,69,0   CMYK: 33,28,32,0

CMYK: 75,78,100,64   CMYK: 30,25,27,0
CMYK: 95,55,94,27   CMYK: 11,50,73,0

1.3.5　展示陈列设计

　　展示陈列设计，就是将物品进行有序、规整的呈现，一方面可以促进产品的宣传与推广，另一方面让受众在观看时感受艺术美。

　　这是展示店设计。将各式各样的灯具在壁龛中呈现，给来访者以直观的视觉效果。而且在柔和的灯光烘托下，营造了舒缓、精致的视觉氛围。灯具上方的深色金属，增强了整体的视觉稳定性，同时尽显产品的质感与格调。

CMYK: 36,32,37,0
CMYK: 8,7,24,0
CMYK: 82,78,88,64

推荐配色方案

CMYK: 12,14,13,0　　CMYK: 82,75,66,37
CMYK: 24,53,59,0　　CMYK: 11,6,42,0

CMYK: 27,68,72,0　　CMYK: 36,31,41,0
CMYK: 79,39,49,0　　CMYK: 80,75,87,58

　　这是女装精品店设计。精致而富有现代感的室内氛围搭配半灰的自然色调，为商品展示提供了适宜而不突兀的背景。而且衣架和各种室内陈列共同凸显了现代女性的优雅审美，整齐排列的产品让顾客一览无余。

CMYK: 73,69,67,27
CMYK: 10,25,25,0
CMYK: 44,77,73,6
CMYK: 71,48,33,0

推荐配色方案

CMYK: 31,27,27,0　　CMYK: 29,65,71,0
CMYK: 91,88,89,79　CMYK: 56,0,23,0

CMYK: 58,44,74,1　　CMYK: 49,94,100,24
CMYK: 36,30,33,0　　CMYK: 94,58,47,3

2

认识色彩

色彩由光引起，由三原色构成，在太阳光分解下可呈现红、橙、黄、绿、青、蓝、紫等色彩。它在环境艺术设计中的重要性不言而喻，一方面，可以展现居住者的生活习惯与品位；另一方面，通过各种颜色的搭配调和，呈现特定群体的用色特征。比如，儿童房间多以鲜艳明亮的色调为主；而成熟男性则会以稳重、成熟的色调进行呈现。所以，掌握好色彩搭配是环境艺术设计中的关键环节。

红—750nm～620nm
橙—620nm～590nm
黄—590nm～570nm
绿—570nm～495nm
青—495nm～476nm
蓝—476nm～450nm
紫—450nm～380nm

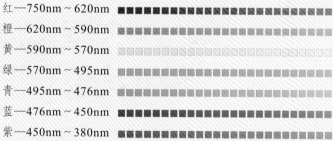

色相，是色彩的首要特征，由原色、间色和复色构成，是指色彩的基本相貌。从光学意义来讲，色相的差别是由光波的长短所造成的。

- 任何黑、白、灰以外的颜色都有色相。
- 色彩的成分越多，它的色相越不鲜明。
- 日光通过三棱镜可以分解出红、橙、黄、绿、青、紫6种色相。

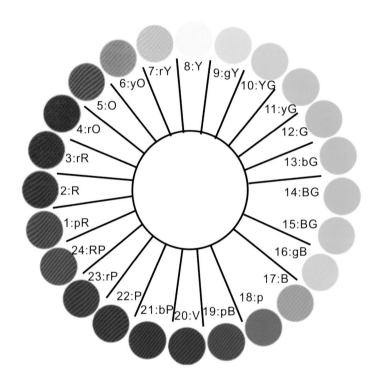

明度，是指色彩的明亮程度，是彩色和非彩色的共有属性，通常用0~100%的值来度量。例如：

- 蓝色里添加的黑色越多，明度就会越低，而低明度的暗色调，会给人一种沉着、厚重、忠实的感觉；
- 蓝色里添加的白色越多，明度就会越高，而高明度的亮色调，会给人一种清新、明快、华美的感觉；
- 在加色的过程中，中间颜色的明度是比较适中的，而这种中明度色调多给人安逸、柔和、高雅的感觉。

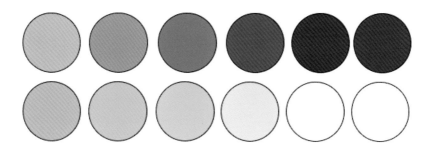

纯度是指色彩中所含有色成分的比例，比例越大，纯度就越高。纯度也称为色彩的彩度。

■ 高纯度的颜色会使人产生强烈、鲜明、生动的感觉。

■ 中纯度的颜色会使人产生适当、温和、平静的感觉。

■ 低纯度的颜色会使人产生细腻、雅致、朦胧的感觉。

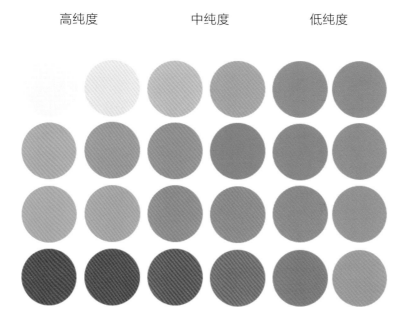

高纯度　　　　中纯度　　　　低纯度

2.2 主色、辅助色、点缀色

主色、辅助色、点缀色是环境艺术设计中不可缺少的色彩构成元素，主色决定着环境艺术设计整体的色彩基调，而辅助色和点缀色的运用都将围绕主色展开。

2.2.1 主色

主色好比人的面貌，是区分人与人的重要因素。主色占据空间的大部分面积，对整个环境的格调起着决定性作用。

这是一款餐厅设计。餐厅内墙上覆有青色的天鹅绒软垫波纹钢饰面，营造了文艺、复古的就餐氛围。规整摆放的木质桌椅，以原木色给人柔和、舒适的印象。颇具几何感的水磨石地面，让整体的品质格调得到提升。

CMYK: 77,54,58,6
CMYK: 33,43,47,0
CMYK: 29,25,20,0

推荐配色方案

CMYK: 61,35,38,0   CMYK: 16,55,55,0
CMYK: 60,53,58,2   CMYK: 24,13,19,0

CMYK: 8,48,9,0   CMYK: 67,26,42,0
CMYK: 11,13,16,0   CMYK: 72,62,62,14

这是红色艺术中心建筑设计。建筑师用简练的几何建筑语言和坡屋顶对城乡接合处的开敞景观以及远山进行对比呼应，极具创意感。而且外表着墨浓重的红色，在周围绿色草地的衬托下将建筑十分醒目地凸显出来。

CMYK: 33,100,100,2
CMYK: 70,46,100,5
CMYK: 73,36,0,0

推荐配色方案

CMYK: 48,29,89,0   CMYK: 7,25,45,0
CMYK: 27,73,97,0   CMYK: 0,50,16,0

CMYK: 87,46,20,0   CMYK: 38,100,72,2
CMYK: 9,18,47,0   CMYK: 64,45,51,0

2.2.2 辅助色

辅助色在空间中所占的面积仅次于主色，最主要的作用就是突出主色，同时也让整体的色彩更加丰富。

这是一款复式公寓的客厅设计。整个客厅以灰色和原木色为主，凸显出居住者简约、精致的生活方式。在客厅中摆放的绿色沙发，以适当的饱和度和明度给人时尚、个性的印象，同时丰富了空间色彩。

CMYK：51,58,78,4
CMYK：75,72,67,33
CMYK：46,18,63,0

推荐配色方案

CMYK：47,42,47,0　CMYK：12,35,86,0
CMYK：79,49,82,9　CMYK：93,88,84,76

CMYK：56,70,76,17　CMYK：50,25,35,0
CMYK：20,75,51,0　CMYK：19,15,14,0

这是一款现代时尚公寓卧室设计。整个卧室以浅灰色和棕色为主，营造了一个柔和、温馨的睡眠环境，可以很好地缓解一天的疲劳与压力。少量明度偏低的粉色的运用，瞬间提升了空间的档次与格调。

CMYK：34,37,40,0
CMYK：7,11,12,0
CMYK：33,52,42,0

推荐配色方案

CMYK：87,88,90,78　CMYK：51,57,58,1
CMYK：9,27,53,0　　CMYK：21,45,31,0

CMYK：64,38,66,0　CMYK：14,11,11,0
CMYK：28,65,33,0　CMYK：91,69,8,0

2.2.3　点缀色

　　点缀色主要起到衬托主色与承接辅助色的作用，通常在环境艺术设计中占据很小的一部分。点缀色在整体设计中具有至关重要的作用，不仅能够为主色与辅助色搭配做出很好的诠释，还可以让空间效果更加完善具体。

　　这是一款酒店的卧室设计。整个卧室以明度偏低的灰色为主，营造了一个良好的休息环境。少量绿色以及红色的点缀，以较低的纯度在对比中给人复古、浪漫的印象，同时也让卧室的色彩感更加丰富。

CMYK: 60,51,49,0
CMYK: 71,65,65,19
CMYK: 69,64,100,33
CMYK: 46,100,100,18

推荐配色方案

CMYK: 45,40,34,0　　　CMYK: 62,55,100,11
CMYK: 93,89,85,77　　CMYK: 24,75,57,0

CMYK: 18,18,58,0　　　CMYK: 41,33,33,0
CMYK: 44,95,100,12　　CMYK: 64,20,44,0

　　这是一款现代风格豪华公寓客厅设计。整个客厅以低背现代沙发和几何形茶几为主，尽显居住者简约、时尚的生活习惯。空间中不同明度变化的灰色给人很强的立体感。特别是一抹橙色的点缀，让单调的客厅瞬间鲜活起来。

CMYK: 27,24,27,0
CMYK: 59,67,69,15
CMYK: 13,40,75,0

推荐配色方案

CMYK: 0,35,62,0　　　CMYK: 73,47,21,0
CMYK: 93,88,89,80　　CMYK: 34,34,34,0

CMYK: 20,75,45,0　　　CMYK: 65,56,53,2
CMYK: 10,36,56,0　　　CMYK: 62,30,60,0

2.3　色相对比

色相对比是当两种以上的色彩进行搭配时，由于色相差别而形成的一种色彩对比效果，其色彩对比强度取决于色相之间在色环上的角度，角度越小，对比效果相对越弱。要注意根据两种颜色在色相环内相隔的角度定义是哪种对比类型。其定义是比较模糊的，比如，在色相环中相隔15°的为同类色对比，相隔30°左右的两种颜色为邻近色对比，但是，相隔20°就很难定义，所以概念不应死记硬背，要多理解。其实，在色相环中相隔20°的色相对比与相隔30°或相隔15°的区别都不算大，色彩感受也非常接近。

2.3.1　同类色对比

■ 同类色对比是指在24色色相环中，在色相环内相隔15°左右的两种颜色。

■ 同类色对比效果较弱，给人的感觉是单纯、柔和的，无论总的色相倾向是否鲜明，整体的色彩基调容易统一协调。

这是一款电梯厅装置设计。该装置以自然界的结晶现象为灵感，从地面一直延伸到天花板，框住了进入电梯间的主入口。由于衬铜玻璃板材通常情况下会给人厚重的感觉，但借助微妙变化的背光照明，在颜色不同明度的变化中打破了晶体结构的坚硬感，让整个装置变得十分轻盈。

CMYK: 47,36,33,0　CMYK: 43,69,86,4
CMYK: 29,55,78,0　CMYK: 5,34,56,0

这是一款办公空间设计。空间中可移动的桌椅为各种讨论提供了便利，墙体中镶嵌的方格橱柜，不仅具有很强的储物功能，而且让空间极具视觉聚拢感。办公室以绿色为主，在同类色的变化中给人以层次感和立体感。

CMYK: 47,22,55,0　CMYK: 49,35,84,0
CMYK: 87,50,89,13　CMYK: 91,73,98,68

2.3.2 邻近色对比

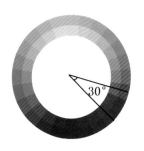

■ 邻近色是在色相环内相隔30°左右的两种颜色。且两种颜色组合搭配在一起，可以起到让整体空间协调统一的作用。

■ 如红、橙、黄，以及蓝、绿、紫，都分别属于邻近色的范围。

这是Uber总部办公室的空间设计。整个空间以长条桌子作为办公区域，为员工之间的交流、学习提供了便利。原木色的运用，营造了一个安静、柔和的办公环境。少量橙色及黄色的运用，在邻近色对比中丰富了空间的色彩感。

CMYK: 22,16,11,0　　　CMYK: 22,58,82,0
CMYK: 9,15,68,0　　　CMYK: 0,37,95,0

这是一款简约住宅的客厅设计。客厅以低背现代沙发、矩形茶几等家具为主体对象，在浅灰色木质墙体与地板的衬托下，给人简约、雅致的印象。特别是黄色和绿色的运用，在邻近色对比中为客厅增添了一抹亮丽的色彩，具有很强的时尚个性特征。

CMYK: 47,47,52,0　　　CMYK: 77,47,100,8
CMYK: 13,24,67,0

2.3.3 类似色对比

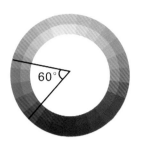

■ 在色环中相隔60°左右的颜色为类似色对比。

■ 如红与橙、黄与绿等均为类似色。

■ 类似色由于色相对比效果不强，可以给人一种舒适、温馨、和谐而不单调的感觉。

　　这是一款游乐场里命名为"山丘"的景观装置设计。"山丘"以其波浪起伏的形态和活泼的色彩构建了一个奇思妙想的世界，不论是大人还是儿童，都可以在这个七彩的乐园中尽情攀登嬉戏。橙色、红色、蓝色等色彩的运用，让"山丘"具有很强的空间立体感。

CMYK: 7,26,73,0
CMYK: 85,76,31,0

CMYK: 18,75,66,0

　　这是一款复式住宅客厅设计。将简单的靠背沙发和圆形几何茶几作为主体对象，营造了现代、温馨的视觉氛围。浅绿色的墙体和蓝色沙发在类似色的对比中十分鲜明，尽显清新、自然之感。

CMYK: 28,22,51,0
CMYK: 62,42,22,0

CMYK: 89,55,14,0

2.3.4　对比色对比

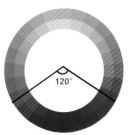

■ 当两种或两种以上色相之间的色彩处于色相环中相隔120°～150°时，属于对比色关系。
■ 如橙与紫、红与蓝等色组均为对比色。
■ 对比色可以给人强烈、明快、醒目、具有冲击力的感觉，但容易引起人视觉疲劳和精神亢奋。

这是一款幼儿园综合体设计。幼儿园以水果为设计灵感，将该空间打造成以柠檬为主题的阅读区，在黄色与绿色的对比中丰富了整个空间的色彩感，同时对孩子视力具有很好的保护作用。

CMYK: 23,17,14,0　　　CMYK: 11,19,84,0
CMYK: 71,45,60,1

这是一款办公空间设计。将一个造型独特的半开放办公桌作为空间主体，既为办公提供了便利，同时又具有很强的装饰效果。青色的绿植隔离带与橙色办公桌形成鲜明对比，为空间增添了活力与动感。

CMYK: 33,27,30,0　　　CMYK: 18,84,100,0
CMYK: 89,47,24,0　　　CMYK: 18,56,45,0

2.3.5 互补色对比

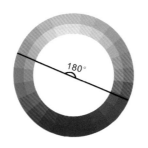

- 在色环中相隔180°左右为互补色。这样的色彩搭配可以产生最强烈的刺激作用,对人的视觉具有最强的吸引力。
- 其效果最强烈、最刺激,属于最强对比。如红与绿、黄与紫、蓝与橙等色组。

    这是一款命名为"轨道"的地面画作设计。"轨道"是一幅围绕着足球笼的地面画作,极具几何感的画面与体育运动相结合,而且从视觉上放大了运动空间,塑造出动感和形态自由的场景,同时也唤起整个场地使用者的情感参与。橙色、蓝色等色彩的运用,在互补色的鲜明对比中营造了活跃、积极的视觉氛围。

CMYK: 33,20,14,0   CMYK: 70,42,0,0
CMYK: 10,20,66,0   CMYK: 96,71,0,0

    这是一款怀旧风格公寓的客厅设计。将一个极具复古情调的深红色欧式花纹地毯在客厅中呈现,同时灯芯绒材质的墨绿色沙发的摆放,让客厅的复古氛围更加浓厚。在互补色的鲜明对比中尽显空间格调与居住者的品位,十分引人注目。

CMYK: 11,88,51,0   CMYK: 79,47,51,0
CMYK: 6,51,100,0

2.4　色彩的距离

　　色彩的距离可以使人感觉到进退、凹凸、远近的不同，一般暖色系和明度高的色彩具有前进、凸出、接近的效果，而冷色系和明度较低的色彩则具有后退、凹进、远离的效果。因而设计师可以在环境艺术设计中常利用色彩的这些特点去改变空间的大小和高低。

　　这是一款位于公园内的酒吧餐厅设计。酒吧在宽阔的场地中布置着各种形式的座位，为其带来四季皆宜的休闲和社交环境，营造了旋转木马般的游乐氛围。而且大面积蓝色的运用，凸显出酒吧高端、时尚的格调。

CMYK: 24,15,14,0　　　　CMYK: 79,40,0,0
CMYK: 5,25,31,0

2.5 色彩的面积

　　色彩的面积是指在同一画面中因颜色所占面积的大小而产生的色相、明度、纯度等画面效果。色彩面积的大小会影响受众的情绪反应，当强弱不同的色彩并置在一起的时候，若想得到较为均衡的空间效果，可以通过调整色彩面积的大小来达到目的。

　　这是一款比萨店地下部分的室内设计。整个店面以复古的棕色为主色调，给人以历史悠久的印象。将一个纯度偏高的红色楼梯作为上下部分的连接体，极具现代气息，同时让整个空间瞬间鲜活起来。

CMYK：51,49,48,0
CMYK：76,50,91,11

CMYK：27,100,100,0

色彩的冷暖是相互依存的两个方面，一般而言，暖色光使物体受光部分色彩变暖，背光部分则相对呈现冷光倾向，冷色光刚好与其相反。例如，红、橙、黄通常使人联想起丰收的果实和炽热的太阳，有温暖的感觉，因此称之为暖色；蓝色、青色常使人联想到蔚蓝的天空和广阔的大海，有冷静、沉着之感，因此称之为冷色。

这是一款素食咖啡馆设计。咖啡馆被糖果粉色的饰面板覆盖，从墙壁一直延伸到柜台和桌面，给人一种简约、柔和的视觉印象。少量樱桃木材质的边框，增强了整个空间的节奏韵律感。而以绿色装饰的厨房，表明了食物的天然与健康。

CMYK: 23,31,19,0　　　　　CMYK: 82,58,89,28
CMYK: 36,49,80, 0

3

第3章

环境艺术设计
基础色

环境艺术设计的基础色分为红、橙、黄、绿、青、蓝、紫、黑、白、灰。各种色彩都有属于各自的特点，给人的感觉也都是不同的，有的会让人兴奋，有的会让人忧伤，有的会让人感到充满活力，还有的会让人感到神秘莫测。合理应用和搭配色彩，可以使环境艺术设计作品与受众产生心理互动。

> 色彩是结合生产、生活，经过提炼，概括出来的。它能与受众迅速产生共鸣，并且不同的色彩有着不同的启发和暗示，使人们对生活中事物的感受不再单调。

> 色彩丰富了人们的生活，恰当地应用色彩可以起到美化和装饰作用，是视觉传达方式中最具有吸引力的。

> 不同的色彩可以互相调配，无限可能的颜色调配让整个环境艺术的配色更富于变化。对于环境艺术设计而言，整体色彩的应用应重点考虑色相、明度、纯度之间的调和与搭配。

3.1.1 认识红色

红色： 红色是最引人注目的颜色。红色，常让人联想到燃烧的火焰、涌动的血液、诱人的舞会、香甜的草莓等。无论与什么颜色一起搭配，红色都会显得格外抢眼。因其具有超强的表现力，所以抒发的情感也较为浓烈。

洋红色
RGB=207,0,112
CMYK=24,98,29,0

鲜红色
RGB=216,0,15
CMYK=19,100,100,0

鲑红色
RGB=242,155,135
CMYK=5,51,41,0

威尼斯红色
RGB=200,8,21
CMYK=28,100,100,0

胭脂红色
RGB=215,0,64
CMYK=19,100,69,0

山茶红色
RGB=220,91,111
CMYK=17,77,43,0

壳黄红色
RGB=248,198,181
CMYK=3,31,26,0

宝石红色
RGB=200,8,82
CMYK=28,100,54,0

玫瑰红色
RGB= 30,28,100
CMYK=11,94,40,0

浅玫瑰红色
RGB=238,134,154
CMYK=8,60,24,0

浅粉红色
RGB=252,229,223
CMYK=1,15,11,0

灰玫红色
RGB=194,115,127
CMYK=30,65,39,0

朱红色
RGB=233,71,41
CMYK=9,85,86,0

火鹤红色
RGB=245,178,178
CMYK=4,41,22,0

博朗底酒红色
RGB=102,25,45
CMYK=56,98,75,37

优品紫红色
RGB=225,152,192
CMYK=14,51,5,0

3.1.2 红色搭配

色彩调性： 复古、鲜明、活泼、高端、精致、神秘、冲击、个性。

常用主题色：

| CMYK: 34,100,100,1 | CMYK: 0,55,77,0 | CMYK: 50,100,100,31 | CMYK: 14,85,39,0 | CMYK: 9,66,51,0 | CMYK: 2,39,19,0 |

常用色彩搭配

CMYK: 14,51,5,0
CMYK: 39,15,40,0

CMYK: 3,31,26,0
CMYK: 12,10,43,0

CMYK: 8,60,24,0
CMYK: 75,72,72,40

CMYK: 19,100,100,0
CMYK: 2,36,83,0

优品紫红搭配枯叶绿，颜色明度和纯度适中，给人柔和、素雅之感。

壳黄红纯度偏低，搭配纯度偏低的绿色，在颜色一深一浅中尽显优雅气质。

浅玫瑰红具有温馨、时尚的色彩特征，搭配深灰色，在视觉上具有很强的稳定性。

鲜红色是一种十分引人注目的色彩，与同样明度偏高的橙色搭配，极具视觉冲击力。

配色速查

复古	鲜明	活泼	高端

CMYK: 52,77,66,11	CMYK: 29,100,100,1	CMYK: 9,13,66,0	CMYK: 68,55,52,2
CMYK: 20,66,44,0	CMYK: 73,32,51,0	CMYK: 17,11,15,0	CMYK: 40,31,31,0
CMYK: 28,47,100,0	CMYK: 83,47,4,0	CMYK: 42,20,52,0	CMYK: 37,75,76,1
CMYK: 62,64,70,16	CMYK: 75,64,56,11	CMYK: 19,64,47,0	CMYK: 91,84,76,67

这是一款时尚美宅的室内设计。将沙发作为客厅的主体物，既填充了空间，又营造了温馨、舒适的氛围。沙发后方绿植的摆放，让整个空间充满生机与活力。

色彩点评

- 设计以红色为主，给人跳跃、鲜明的印象。绿色、黄色的运用，在对比中让这种氛围更加浓厚。
- 深灰色背景墙的运用，具有很强的中和效果，让空间瞬间稳定下来。

CMYK: 9,91,86,0　　CMYK: 69,25,67,0
CMYK: 11,0,79,0

推荐色彩搭配

C: 75	C: 36	C: 13	C: 0	C: 34	C: 81	C: 0	C: 98	C: 71	C: 22	C: 14	C: 20
M: 62	M: 45	M: 0	M: 84	M: 100	M: 22	M: 54	M: 82	M: 65	M: 100	M: 29	M: 57
Y: 46	Y: 65	Y: 73	Y: 60	Y: 100	Y: 45	Y: 76	Y: 88	Y: 58	Y: 100	Y: 47	Y: 84
K: 3	K: 0	K: 0	K: 0	K: 3	K: 0	K: 0	K: 73	K: 12	K: 0	K: 0	K: 0

这是一款公园雕塑设计。这个雕塑由中心重合的一个盾牌和两个回旋镖组合而成，以当地传统文化为设计基础，同时又极具现代气息。

CMYK: 44,16,78,0　 CMYK: 0,97,0,0
CMYK: 93,88,89,80

色彩点评

- 整个雕塑以明度偏高的洋红色为主，给人十分炫目的印象。
- 少量黑色的运用，瞬间增强了整个雕塑的视觉稳定性。

由两种不同颜色构成的几何图案与周围自然环境形成鲜明对比，极具视觉冲击力。

推荐色彩搭配

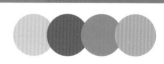

C: 26	C: 59	C: 0	C: 66	C: 2	C: 90	C: 53	C: 16	C: 10	C: 65	C: 36	C: 49
M: 6	M: 32	M: 79	M: 89	M: 78	M: 63	M: 9	M: 34	M: 25	M: 59	M: 46	M: 17
Y: 16	Y: 100	Y: 53	Y: 24	Y: 76	Y: 68	Y: 85	Y: 47	Y: 20	Y: 67	Y: 62	Y: 63
K: 0	K: 0	K: 0	K: 0	K: 0	K: 27	K: 0	K: 0	K: 0	K: 11	K: 0	K: 0

3.2.1 认识橙色

橙色：橙色兼具红色的热情和黄色的开朗，常能让人联想到丰收的季节、温暖的太阳以及成熟的橙子等，是繁荣与骄傲的象征。但它同红色一样不宜使用过多，对神经紧张和易怒的人来讲，橙色易使他们产生烦躁感。

 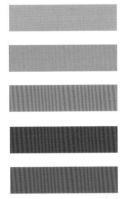

橘色
RGB=235,97,3
CMYK=9,75,98,0

柿子橙色
RGB=237,108,61
CMYK=7,71,75,0

橙色
RGB=235,85,32
CMYK=8,80,90,0

阳橙色
RGB=242,141,0
CMYK=6,56,94,0

橘红色
RGB=238,114,0
CMYK=7,68,97,0

热带橙色
RGB=242,142,56
CMYK=6,56,80,0

橙黄色
RGB=255,165,1
CMYK=0,46,91,0

杏黄色
RGB=229,169,107
CMYK=14,41,60,0

米色
RGB=228,204,169
CMYK=14,23,36,0

驼色
RGB=181,133,84
CMYK=37,53,71,0

琥珀色
RGB=203,106,37
CMYK=26,69,93,0

咖啡色
RGB=106,75,32
CMYK=59,69,98,28

蜂蜜色
RGB= 250,194,112
CMYK=4,31,60,0

沙棕色
RGB=244,164,96
CMYK=5,46,64,0

巧克力色
RGB=85,37,0
CMYK=60,84,100,49

重褐色
RGB=139,69,19
CMYK=49,79,100,18

3.2.2　橙色搭配

色彩调性：雅致、原木、跳跃、积极、热情、枯燥、古朴、单一。

常用主题色：

CMYK: 20,37,63,0　　CMYK: 0,75,87,0　　CMYK: 5,38,72,0　　CMYK: 7,23,42,0　　CMYK: 56,67,100,20　　CMYK: 0,52,91,0

常用色彩搭配

CMYK: 14,23,36,0
CMYK: 57,42,68,0

CMYK: 6,56,80,0
CMYK: 84,53,0,0

CMYK: 0,46,91,0
CMYK: 54,11,28,0

CMYK: 14,41,60,0
CMYK: 43,30,33,0

米色搭配苔藓绿，在颜色的冷暖对比中给人清新、舒畅的视觉印象。

热带橙是一种充满热情与活力的色彩，搭配蓝色可在对比中让这种氛围更加浓厚。

橙黄搭配墨绿色，在鲜明的颜色对比中，给人环保、充满生机的感受。

杏黄的颜色饱和度较低，搭配明度偏低的灰色，营造了清静、放松的氛围。

配色速查

雅致
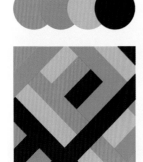
CMYK: 16,55,58,0
CMYK: 56,39,48,0
CMYK: 19,31,40,0
CMYK: 73,80,87,63

原木

CMYK: 21,25,28,0
CMYK: 24,37,58,0
CMYK: 46,46,49,0
CMYK: 7,40,65,0

跳跃

CMYK: 13,47,86,0
CMYK: 4,26,50,0
CMYK: 24,17,14,0
CMYK: 74,6,52,0

积极

CMYK: 71,50,100,11
CMYK: 6,68,29,0
CMYK: 12,23,87,0
CMYK: 46,34,30,0

这是一款国外复古风格的家居设计。将沙发和电视柜作为主体元素，瞬间增强了空间的稳定性。背景墙上方的装饰物件与地毯相呼应，给人统一和谐的印象。

色彩点评

- 明度适中的橙色沙发搭配青色，营造了浓浓的复古氛围。而且壁画的装点，让这种氛围更加浓厚。
- 电视柜与背景墙浅色的运用，提高了整个空间的亮度，使其不至于让人产生压抑、烦躁的感受。

CMYK: 8,43,72,0   CMYK: 82,53,55,4
CMYK: 100,95,67,55

推荐色彩搭配

C: 39	C: 18	C: 78	C: 17
M: 79	M: 29	M: 46	M: 11
Y: 100	Y: 38	Y: 55	Y: 10
K: 4	K: 0	K: 1	K: 0

C: 19	C: 17	C: 77	C: 37
M: 60	M: 15	M: 71	M: 11
Y: 84	Y: 16	Y: 68	Y: 53
K: 0	K: 0	K: 33	K: 0

C: 89	C: 19	C: 36	C: 80
M: 47	M: 43	M: 27	M: 76
Y: 70	Y: 70	Y: 20	Y: 67
K: 6	K: 0	K: 0	K: 41

这是一款餐厅的室内设计。餐厅的所有餐椅均采用原木，相对于金属等材质来说，具有更强的人情味，可以拉近与用餐者的距离，使其更容易对餐厅获得好感。

色彩点评

- 餐厅以明度偏低的橙色为主色调，营造了一个温馨、柔和的用餐环境，同时也会让用餐者的身心得到放松。
- 白色背景墙的运用，提高了空间的亮度，使其不会过于压抑。

CMYK: 44,77,100,7 CMYK: 30,24,16,0
CMYK: 14,26,81,0

两幅独具个性的壁画的添加，很好地提升了整个餐厅的格调。而且适当照明的运用，营造了明亮、舒畅的用餐环境。

推荐色彩搭配

C: 21	C: 77	C: 45	C: 25
M: 56	M: 56	M: 61	M: 24
Y: 94	Y: 100	Y: 64	Y: 23
K: 0	K: 25	K: 1	K: 0

C: 89	C: 22	C: 35	C: 71
M: 69	M: 20	M: 64	M: 13
Y: 38	Y: 31	Y: 100	Y: 13
K: 2	K: 0	K: 0	K: 0

C: 60	C: 27	C: 17	C: 10
M: 78	M: 27	M: 60	M: 7
Y: 100	Y: 26	Y: 36	Y: 58
K: 42	K: 0	K: 0	K: 0

3.3.1　认识黄色

黄色: 黄色是所有颜色中光感最强、最活跃的颜色。它拥有宽广的象征领域,明亮的黄色会让人联想到太阳、光明、权力和黄金,但它时常也会带动人的负面情绪,是烦恼、苦恼的"催化剂",会给人留下嫉妒、猜疑、吝啬等印象。

黄色
RGB=255,255,0
CMYK=10,0,83,0

铬黄色
RGB=253,208,0
CMYK=6,23,89,0

金色
RGB=255,215,0
CMYK=5,19,88,0

香蕉黄色
RGB=255,235,85
CMYK=6,8,72,0

鲜黄色
RGB=255,234,0
CMYK=7,7,87,0

月光黄色
RGB=155,244,99
CMYK=7,2,68,0

柠檬黄色
RGB=240,255,0
CMYK=17,0,84,0

万寿菊黄色
RGB=247,171,0
CMYK=5,42,92,0

香槟黄色
RGB=255,248,177
CMYK=4,3,40,0

奶黄色
RGB=255,234,180
CMYK=2,11,35,0

土著黄色
RGB=186,168,52
CMYK=36,33,89,0

黄褐色
RGB=196,143,0
CMYK=31,48,100,0

卡其黄色
RGB=176,136,39
CMYK=40,50,96,0

含羞草黄色
RGB=237,212,67
CMYK=14,18,79,0

芥末黄色
RGB=214,197,96
CMYK=23,22,70,0

灰菊黄色
RGB=227,220,161
CMYK=16,12,44,0

3.3.2 黄色搭配

色彩调性： 清爽、理性、科技、醒目、稳重、警示、个性、张扬、喧闹。
常用主题色：

CMYK: 7,3,86,0　　CMYK: 4,21,70,0　　CMYK: 27,46,69,0　　CMYK: 36,29,90,0　　CMYK: 8,14,41,0　　CMYK: 10,43,91,0

常用色彩搭配

CMYK: 6,23,89,0　　　CMYK: 6,8,72,0　　　　CMYK: 2,11,35,0　　　CMYK: 10,0,83,0
CMYK: 80,40,49,0　　　CMYK: 11,49,63,0　　　CMYK: 34,18,15,0　　　CMYK: 45,0,51,0

铬黄搭配青色，纯度和明度适中。在鲜明的颜色对比中给人通透、清爽之感。　香蕉黄搭配橙色，是一种能够刺激受众食欲的颜色，多用在餐厅等设计中。　奶黄色的纯度偏低，具有柔和、细腻的特征，与灰色相搭配具有提升品质的作用。　黄色的明度较高，十分引人注目。搭配冷色调的绿色，具有很好的中和效果。

配色速查

清爽	理性	科技	醒目

CMYK: 9,11,54,0　　　CMYK: 43,50,85,1　　　CMYK: 19,19,68,0　　　CMYK: 14,8,88,0
CMYK: 13,33,87,0　　　CMYK: 23,16,13,0　　　CMYK: 73,2,51,0　　　CMYK: 47,70,100,8
CMYK: 28,59,28,0　　　CMYK: 14,10,62,0　　　CMYK: 85,48,29,0　　　CMYK: 9,73,40,0
CMYK: 59,33,78,0　　　CMYK: 59,26,28,0　　　CMYK: 68,45,100,4　　　CMYK: 17,12,14,0

这是一款艺术大学主广场前院的公共座椅设计。该座椅由60块黑黄相间的彩色混凝土块组合而成，此装置不仅成为居民休闲的好去处，而且也为城市增添了一道亮丽的色彩。

色彩点评

■ 鲜亮的黄色十分引人注目，使平凡的空间成为亮眼的存在，加强了学校与外界的联系。

■ 黑色的运用，很好地中和了黄色的轻飘感，增强了视觉稳定性。

CMYK: 7,14,67,0　　CMYK: 30,20,18,0
CMYK: 84,78,69,47

推荐色彩搭配

C: 7	C: 47	C: 33	C: 53	C: 93	C: 52	C: 20	C: 16	C: 10	C: 57	C: 63	C: 11
M: 9	M: 88	M: 20	M: 64	M: 89	M: 25	M: 15	M: 22	M: 14	M: 11	M: 56	M: 50
Y: 58	Y: 58	Y: 20	Y: 95	Y: 67	Y: 50	Y: 16	Y: 93	Y: 62	Y: 4	Y: 56	Y: 38
K: 0	K: 4	K: 0	K: 13	K: 53	K: 0	K: 0	K: 0	K: 0	K: 0	K: 3	K: 0

这是一款精品健身工作室设计。工作室为人们提供动感单车课程并配备高科技的自行车设备，专注于培养品牌独特的个性并为客户提供私人服务。

色彩点评

■ 由不同形态的黄铜色几何面板构成的墙体是亮眼的存在，凸显出工作室的高端格调。

■ 适当黑色以及原木色的点缀，为其增添了些许的稳定性与柔和气息。

CMYK: 20,16,67,0　　CMYK: 55,49,53,0
CMYK: 25,41,57,0

工作室为追求健康都市生活的人群提供了健身场所，同时也是一个培养审美情趣的空间。

推荐色彩搭配

C: 0	C: 0	C: 28	C: 99	C: 4	C: 76	C: 49	C: 64	C: 63	C: 22	C: 5	C: 44
M: 17	M: 38	M: 19	M: 93	M: 28	M: 20	M: 0	M: 65	M: 61	M: 57	M: 0	M: 60
Y: 67	Y: 95	Y: 18	Y: 77	Y: 84	Y: 6	Y: 26	Y: 67	Y: 62	Y: 88	Y: 65	Y: 0
K: 0	K: 0	K: 0	K: 71	K: 0	K: 0	K: 0	K: 16	K: 9	K: 0	K: 0	K: 0

3.4 绿色

3.4.1 认识绿色

　　绿色： 绿色是一种稳定的中性颜色，也是人们在自然界中看到的最多的色彩。提到绿色，可让人联想到酸涩的梅子、新生的小草、高贵的翡翠、碧绿的枝叶等。同时，绿色也代表健康，可以使人对健康的人生与生命的活力充满无限希望，还可以给人留下安定、舒适、生生不息的感受。

黄绿色
RGB=216,230,0
CMYK=25,0,90,0

苹果绿色
RGB=158,189,25
CMYK=47,14,98,0

墨绿色
RGB=0,64,0
CMYK=90,61,100,44

叶绿色
RGB=135,162,86
CMYK=55,28,78,0

草绿色
RGB=170,196,104
CMYK=42,13,70,0

苔藓绿色
RGB=136,134,55
CMYK=46,45,93,1

芥末绿色
RGB=183,186,107
CMYK=36,22,66,0

橄榄绿色
RGB=98,90,5
CMYK=66,60,100,22

枯叶绿色
RGB=174,186,127
CMYK=39,21,57,0

碧绿色
RGB=21,174,105
CMYK=75,8,75,0

绿松石绿色
RGB=66,171,145
CMYK=71,15,52,0

青瓷绿色
RGB=123,185,155
CMYK=56,13,47,0

孔雀石绿色
RGB=0,142,87
CMYK=82,29,82,0

铬绿色
RGB=0,101,80
CMYK=89,51,77,13

孔雀绿色
RGB=0,128,119
CMYK=85,40,58,1

钴绿色
RGB=106,189,120
CMYK=62,6,66,0

3.4.2　绿色搭配

色彩调性： 优雅、活力、成熟、素净、安全、环保、健康、希望、积极。

常用主题色：

CMYK: 56,31,47,0　　CMYK: 51,39,74,0　　CMYK: 45,22,78,0　　CMYK: 76,13,84,0　　CMYK: 37,0,82,0　　CMYK: 83,51,100,17

常用色彩搭配

CMYK: 8,59,63,0　　　　CMYK: 75,8,75,0　　　　CMYK: 47,14,98,0　　　　CMYK: 82,29,82,0
CMYK: 89,51,77,13　　　CMYK: 48,38,33,0　　　CMYK: 90,61,100,44　　　CMYK: 56,35,83,0

明度和纯度适中的橙色　　碧绿的纯度偏高，搭配　　墨绿色的纯度和明度偏　　孔雀石绿搭配苔藓绿，在
搭配铬绿，在鲜明的颜　　明度适中的灰色，中和　　低，给人稳重、老成的　　同类色的对比中，给人
色对比中给人醒目、活　　了颜色的跳跃感，增强　　印象，搭配浅棕色可以　　统一有序的视觉印象。
跃的感受。　　　　　　　视觉稳定性。　　　　　　提高亮度。

配色速查

优雅	活力	成熟	素净

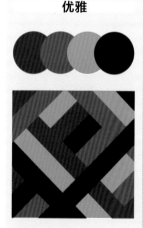 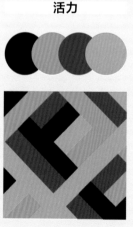 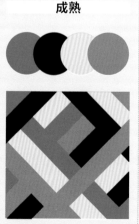 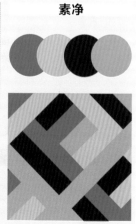

CMYK: 86,64,77,37　　CMYK: 74,87,91,69　　CMYK: 68,43,100,2　　CMYK: 65,46,66,2
CMYK: 58,62,74,12　　CMYK: 61,20,37,0　　CMYK: 91,87,89,78　　CMYK: 16,20,64,0
CMYK: 38,32,34,0　　CMYK: 84,55,100,26　　CMYK: 3,12,29,0　　CMYK: 90,75,68,43
CMYK: 82,78,79,63　　CMYK: 18,33,75,0　　CMYK: 28,46,99,0　　CMYK: 22,33,20,0

这是一款大学校园中的凉亭设计。该装置的巨大悬臂从结状中心延伸出来，在提供荫蔽的同时也成为校园的独特标志，十分引人注目。

色彩点评

- 整个凉亭以不同明度和纯度的绿色为主，在变化中呈现丰富的视觉效果。
- 少量亮度偏高的浅绿色的运用，让其具有很强的视觉延展性。

CMYK: 43,19,36,0　CMYK: 19,4,13,0
CMYK: 67,28,67,0

推荐色彩搭配

C: 87	C: 31	C: 51	C: 22	C: 82	C: 45	C: 76	C: 18	C: 91	C: 31	C: 58	C: 55
M: 51	M: 49	M: 18	M: 5	M: 36	M: 40	M: 75	M: 29	M: 55	M: 76	M: 25	M: 44
Y: 80	Y: 64	Y: 30	Y: 33	Y: 61	Y: 40	Y: 80	Y: 47	Y: 100	Y: 88	Y: 78	Y: 40
K: 14	K: 0	K: 0	K: 0	K: 0	K: 0	K: 53	K: 0	K: 32	K: 0	K: 0	K: 0

这是一款国外复古风格的餐厅设计。整个空间以餐桌、餐椅为主体对象，在简单的摆设中给人简约、精致的印象，凸显出居住者的高雅格调与时尚追求。

色彩点评

- 纯度和明度偏低的枯叶绿的背景墙，营造了浓浓的复古氛围。
- 白色组合壁柜的运用，中和了枯叶绿的单调与压抑，同时也提高了整个空间的亮度。

CMYK: 64,50,73,4　CMYK: 22,17,18,0
CMYK: 69,29,73,0　CMYK: 94,91,66,53

抽象壁画的点缀，为整个空间增添了些许的文艺气息。几何感十足的顶灯，具有很强的装饰效果。

推荐色彩搭配

C: 44	C: 65	C: 15	C: 84	C: 19	C: 68	C: 13	C: 100	C: 49	C: 66	C: 51	C: 88
M: 33	M: 64	M: 20	M: 58	M: 10	M: 49	M: 51	M: 82	M: 13	M: 18	M: 86	M: 71
Y: 47	Y: 64	Y: 25	Y: 100	Y: 54	Y: 100	Y: 24	Y: 80	Y: 25	Y: 92	Y: 20	Y: 49
K: 0	K: 13	K: 0	K: 33	K: 0	K: 8	K: 0	K: 67	K: 0	K: 0	K: 0	K: 11

3.5.1 认识青色

青色：青色通常能给人以冷静、沉稳的感觉，色调的变化能使青色表现出不同的效果，当它和同类色或邻近色进行搭配时，会给人朝气十足、精力充沛的感受，和灰调颜色进行搭配时则会呈现古典、清幽之感。

青色
RGB=0,255,255
CMYK=55,0,18,0

铁青色
RGB=82,64,105
CMYK=89,83,44,8

深青色
RGB=0,78,120
CMYK=96,74,40,3

天青色
RGB=135,196,237
CMYK=50,13,3,0

群青色
RGB=0,61,153
CMYK=99,84,10,0

石青色
RGB=0,121,186
CMYK=84,48,11,0

青绿色
RGB=0,255,192
CMYK=58,0,44,0

青蓝色
RGB=40,131,176
CMYK=80,42,22,0

瓷青色
RGB=175,224,224
CMYK=37,1,17,0

淡青色
RGB=225,255,255
CMYK=14,0,5,0

白青色
RGB=228,244,245
CMYK=14,1,6,0

青灰色
RGB=116,149,166
CMYK=61,36,30,0

水青色
RGB=88,195,224
CMYK=62,7,15,0

藏青色
RGB=0,25,84
CMYK=100,100,59,22

清漾青色
RGB=55,105,86
CMYK=81,52,72,10

浅葱色
RGB=210,239,232
CMYK=22,0,13,0

3.5.2 青色搭配

色彩调性： 古典、丰富、通透、品质、深沉、镇静、清爽、单一、积极。
常用主题色：

CMYK: 55,0,18,0　　CMYK: 50,13,3,0　　CMYK: 37,1,17,0　　CMYK: 84,48,11,0　　CMYK: 62,7,15,0　　CMYK: 96,74,40,3

常用色彩搭配

CMYK: 62,7,15,0
CMYK: 33,26,92,0

水青色搭配黄绿色，在颜色的鲜明对比中给人清爽、舒畅的视觉感受。

CMYK: 37,1,17,0
CMYK: 32,61,0,0

瓷青色的纯度较低，具有清新、通透的色彩特征，搭配紫色，丰富了整体的色彩质感。

CMYK: 80,42,22,0
CMYK: 1,76,34,0

青蓝色的纯度偏低，给人稳重、饱满的印象，搭配红色对比十分醒目。

CMYK: 84,48,11,0
CMYK: 28,30,36,0

石青色搭配棕色，是一种素雅、古朴的色彩搭配方式，可以很好地舒缓身心压力。

配色速查

古典	丰富	通透	品质

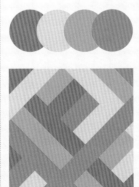

CMYK: 83,49,36,0　　CMYK: 18,67,76,0　　CMYK: 72,4,26,0　　CMYK: 43,100,100,12
CMYK: 28,51,45,0　　CMYK: 17,18,20,0　　CMYK: 76,35,43,0　　CMYK: 19,13,50,0
CMYK: 29,25,25,0　　CMYK: 60,19,26,0　　CMYK: 43,19,24,0　　CMYK: 74,18,32,0
CMYK: 79,74,72,47　CMYK: 20,57,31,0　　CMYK: 80,75,73,49　CMYK: 91,71,40,2

这是一款国外复古风格的卫浴设计。将一个大理石台面的木质柜子作为卫浴主体对象，给人简约、高雅的感受。而且墙体上方带有欧式花纹的镜子，也为空间增添了些许文艺气息。

色彩点评

■ 卫浴以纯度偏低的青色作为墙体主色调，营造了浓浓的复古氛围，同时也具有很好的舒缓效果。

■ 白色洗手盆的点缀，提高了空间的亮度。柜子的木质纹理，尽显卫浴的格调与品质。

CMYK: 70,44,31,0　　CMYK: 60,77,100,38
CMYK: 16,18,20,0

推荐色彩搭配

C: 93	C: 16	C: 93	C: 12	C: 31	C: 84	C: 22	C: 24	C: 35	C: 20	C: 73	C: 100
M: 72	M: 16	M: 88	M: 43	M: 93	M: 45	M: 16	M: 29	M: 69	M: 27	M: 0	M: 84
Y: 53	Y: 25	Y: 89	Y: 29	Y: 100	Y: 51	Y: 13	Y: 51	Y: 0	Y: 100	Y: 23	Y: 43
K: 16	K: 0	K: 80	K: 0	K: 1	K: 0	K: 0	K: 0	K: 0	K: 0	K: 0	K: 6

这是一款小户型的室内设计。移动圆形桌椅的摆设，不仅提升了整个空间的利用率，同时也非常方便使用者根据需要进行位置的移动。

色彩点评

■ 明度和纯度适中的青色桌椅，为灰色的空间增添了色彩，给人简约、大方的印象。

■ 白色的墙体很好地中和了深色家具带来的单调与乏味，同时也提高了整个空间的亮度。

CMYK: 44,15,24,0　　CMYK: 29,23,24,0
CMYK: 51,42,42,0

小型木质储物柜的摆放，具有很强的收纳作用，同时也让整个空间的细节效果更加丰富。

推荐色彩搭配

C: 56	C: 31	C: 0	C: 91	C: 74	C: 16	C: 36	C: 2	C: 93	C: 16	C: 65	C: 20
M: 9	M: 27	M: 38	M: 87	M: 11	M: 91	M: 29	M: 27	M: 89	M: 19	M: 27	M: 7
Y: 13	Y: 26	Y: 11	Y: 90	Y: 36	Y: 87	Y: 26	Y: 65	Y: 87	Y: 25	Y: 34	Y: 7
K: 0	K: 0	K: 0	K: 79	K: 0	K: 0	K: 0	K: 0	K: 79	K: 0	K: 0	K: 0

3.6 蓝色

3.6.1 认识蓝色

蓝色： 自然界中蓝色的面积比例很大，很容易使人联想到蔚蓝的大海、晴朗的蓝天，是自由祥和的象征。蓝色的注目性和识别性都不是很高，能给人一种高远、深邃之感。它作为一种冷色调，具有镇静安神、缓解紧张情绪的作用。

蓝色
RGB=0,0,255
CMYK=92,75,0,0

矢车菊蓝色
RGB=100,149,237
CMYK=64,38,0,0

午夜蓝色
RGB=0,51,102
CMYK=100,91,47,9

爱丽丝蓝色
RGB=240,248,255
CMYK=8,2,0,0

天蓝色
RGB=0,127,255
CMYK=80,50,0,0

深蓝色
RGB=1,1,114
CMYK=100,100,54,6

皇室蓝色
RGB=65,105,225
CMYK=79,60,0,0

水晶蓝色
RGB=185,220,237
CMYK=32,6,7,0

蔚蓝色
RGB=4,70,166
CMYK=96,78,1,0

道奇蓝色
RGB=30,144,255
CMYK=75,40,0,0

浓蓝色
RGB=0,90,120
CMYK=92,65,44,4

孔雀蓝色
RGB=0,123,167
CMYK=84,46,25,0

普鲁士蓝色
RGB=0,49,83
CMYK=100,88,54,23

宝石蓝色
RGB=31,57,153
CMYK=96,87,6,0

蓝黑色
RGB=0,14,42
CMYK=100,99,66,57

水墨蓝色
RGB=73,90,128
CMYK=80,68,37,1

3.6.2 蓝色搭配

色彩调性：活力、鲜明、理智、雅致、科技、强烈、柔和、舒畅。

常用主题色：

| CMYK: 92,75,0,0 | CMYK: 80,50,0,0 | CMYK: 96,87,6,0 | CMYK: 84,46,25,0 | CMYK: 32,6,7,0 | CMYK: 80,68,37,1 |

常用色彩搭配

| CMYK: 96,78,4,0 | CMYK: 32,6,7,0 | CMYK: 64,38,0,0 | CMYK: 100,100,54,6 |
| CMYK: 3,30,58,0 | CMYK: 1,58,55,0 | CMYK: 24,16,18,0 | CMYK: 32,6,7,0 |

蔚蓝色搭配橙色，在颜色的鲜明对比中给人稳重、大气印象的同时又不失活跃感。

水晶蓝的饱和度较低，给人淡雅、素净的感受，搭配红色具有很好的中和效果。

矢车菊蓝搭配无彩色的灰色，具有古朴、冷静的色彩特征，深受人们的喜爱。

深蓝色搭配水晶蓝，在不同明、纯度的对比中，给人较强的层次感和立体感。

配色速查

活力	鲜明	强烈	柔和
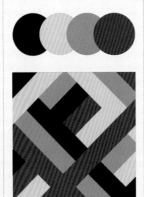		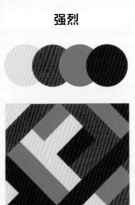	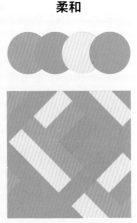
CMYK: 92,71,0,0	CMYK: 83,82,83,70	CMYK: 9,11,81,0	CMYK: 49,27,0,0
CMYK: 70,20,5,0	CMYK: 16,18,23,0	CMYK: 0,91,65,0	CMYK: 24,37,58,0
CMYK: 40,4,94,0	CMYK: 24,50,43,0	CMYK: 74,45,0,0	CMYK: 11,7,41,0
CMYK: 14,17,14,0	CMYK: 93,78,3,0	CMYK: 80,76,67,41	CMYK: 5,51,27,0

这是一款位于市中心的生活馆设计。整个设计在结合当地地域特色的基础上极具现代感，花岗岩地面平缓了颜色的跳跃，同时白色的墙壁和绿植相结合，创造了一个使人愉悦轻松的生活馆。

色彩点评

■ 明度和纯度适中的蓝色楼板是整个空间的亮点所在，打破了无彩色的沉闷感。

■ 黄色、绿色等色彩的点缀，在鲜明的颜色对比中给人活跃、积极的视觉印象。

CMYK: 91,62,0,0 　　CMYK: 93,88,89,80
CMYK: 2,7,73,0 　　CMYK: 31,2,11,0

推荐色彩搭配

C: 23	C: 100	C: 83	C: 62	C: 87	C: 18	C: 29	C: 67	C: 13	C: 85	C: 11	C: 96
M: 36	M: 95	M: 45	M: 33	M: 60	M: 15	M: 61	M: 35	M: 9	M: 84	M: 14	M: 85
Y: 49	Y: 68	Y: 0	Y: 91	Y: 0	Y: 11	Y: 100	Y: 24	Y: 93	Y: 92	Y: 17	Y: 0
K: 0	K: 62	K: 0	K: 0	K: 0	K: 0	K: 0	K: 0	K: 0	K: 75	K: 0	K: 0

这是一款公寓的室内设计。该空间将L形沙发作为主体对象，给人舒适、放松的感受。沙发后方墙体置物架的设计，丰富了整个空间细节感。

色彩点评

■ 整个空间以棕色为主，在不同明度和纯度的变化中营造了家的温馨感。

■ 蓝色的沙发是空间的视觉焦点所在，瞬间提升了整体的格调。

CMYK: 30,49,73,0 　　CMYK: 60,84,100,49
CMYK: 95,67,10,0

推拉式玻璃门的设计，一方面为住户出行提供了便利；另一方面具有极强的视觉延伸性。

推荐色彩搭配

C: 80	C: 24	C: 84	C: 22	C: 0	C: 98	C: 42	C: 92	C: 0	C: 39	C: 91	C: 9
M: 51	M: 33	M: 54	M: 10	M: 29	M: 77	M: 34	M: 89	M: 80	M: 27	M: 70	M: 15
Y: 51	Y: 37	Y: 0	Y: 5	Y: 59	Y: 0	Y: 31	Y: 88	Y: 68	Y: 27	Y: 0	Y: 65
K: 1	K: 0	K: 0	K: 0	K: 0	K: 0	K: 0	K: 79	K: 0	K: 0	K: 0	K: 0

3.7.1 认识紫色

　　紫色： 在所有颜色中，紫色波长相对较短。明亮的紫色可以产生妩媚优雅的感觉，让多数女性充满雅致、神秘、优美的情调。紫色是大自然中少有的色彩，但在环境艺术设计中经常使用，会给受众留下高贵、奢华、浪漫的印象。

紫色
RGB=102,0,255
CMYK=81,79,0,0

木槿紫色
RGB=124,80,157
CMYK=63,77,8,0

矿紫色
RGB=172,135,164
CMYK=40,52,22,0

浅灰紫色
RGB=157,137,157
CMYK=46,49,28,0

淡紫色
RGB=227,209,254
CMYK=15,22,0,0

藕荷色
RGB=216,191,206
CMYK=18,29,13,0

三色堇紫色
RGB=139,0,98
CMYK=59,100,42,2

江户紫色
RGB=111,89,156
CMYK=68,71,14,0

靛青色
RGB=75,0,130
CMYK=88,100,31,0

丁香紫色
RGB=187,161,203
CMYK=32,41,4,0

锦葵紫色
RGB=211,105,164
CMYK=22,71,8,0

蝴蝶花紫色
RGB=166,1,116
CMYK=46,100,26,0

紫藤色
RGB=141,74,187
CMYK=61,78,0,0

水晶紫色
RGB=126,73,133
CMYK=62,81,25,0

淡紫丁香色
RGB=237,224,230
CMYK=8,15,6,0

蔷薇紫色
RGB=214,153,186
CMYK=20,49,10,0

3.7.2 紫色搭配

色彩调性：素雅、绚丽、多彩、柔和、敏感、神秘、冷静、时尚。
常用主题色：

CMYK: 88,100,31,0　CMYK: 62,81,25,0　CMYK: 46,100,26,0　CMYK: 40,52,22,0　CMYK: 68,71,14,0　CMYK: 22,71,8,0

常用色彩搭配

CMYK: 20,49,10,0
CMYK: 8,23,37,0

CMYK: 81,79,0,0
CMYK: 37,29,29,0

CMYK: 61,78,0,0
CMYK: 2,50,89,0

CMYK: 22,71,8,0
CMYK: 71,27,30,0

蔷薇紫搭配奶黄色，以适中的明度和纯度给人柔和、温馨的视觉印象，深受人们喜爱。

紫色的明度偏高，极具视觉吸引力。搭配灰色很好地中和了颜色的刺激感。

紫藤色搭配橙色，具有鲜明、时尚的色彩特征，在颜色的鲜明对比中十分引人注目。

锦葵紫颜色偏红，搭配冷色调的青色，在类似色的对比中给人理性、清爽的感受。

配色速查

素雅	绚丽	多彩	柔和

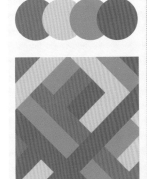   

CMYK: 53,56,28,0
CMYK: 26,20,17,0
CMYK: 41,44,45,0
CMYK: 74,57,7,0

CMYK: 44,76,0,0
CMYK: 86,78,0,0
CMYK: 61,85,0,0
CMYK: 31,31,25,0

CMYK: 66,76,0,0
CMYK: 3,49,91,0
CMYK: 65,0,32,0
CMYK: 2,65,2,0

CMYK: 57,20,17,0
CMYK: 15,10,56,0
CMYK: 29,23,22,0
CMYK: 52,68,0,0

这是一款俱乐部网格灯带设计。整个设计以五棵树冠枝丫交织在一起的参天大树作为灵感，在不同光效的变化中，将来访者笼罩其中，营造了神秘、梦幻的视觉氛围。

色彩点评

■ 紫色到橙色渐变的光效，让人沉浸其中，将所有的烦恼与不快抛诸脑后，获得身心放松。

■ 黑色背景的运用，将主体物直接凸显，同时也适当中和了颜色绚丽的冲击感。

CMYK: 87,86,91,77　　CMYK: 77,75,0,0
CMYK: 16,22,69,0　　CMYK: 37,85,0,0

推荐色彩搭配

C: 55　C: 13　C: 61　C: 11
M: 62　M: 17　M: 58　M: 82
Y: 7　　Y: 56　Y: 60　Y: 2
K: 0　　K: 0　　K: 5　　K: 0

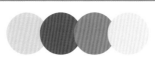

C: 22　C: 77　C: 19　C: 9
M: 16　M: 75　M: 63　M: 4
Y: 15　Y: 0　　Y: 14　Y: 56
K: 0　　K: 0　　K: 0　　K: 0

C: 11　C: 77　C: 48　C: 100
M: 15　M: 33　M: 59　M: 98
Y: 92　Y: 0　　Y: 0　　Y: 71
K: 0　　K: 0　　K: 0　　K: 64

这是一款小学走廊的空间设计。走廊以木栅栏进行分割，将有限的空间得到最大限度的开发，满足了不同孩子的需求，非常人性化。

色彩点评

■ 浅绿色的运用，凸显出学校注重环保与孩子的身心健康，同时也与孩子活泼好动的天性相吻合。

■ 墙体中少量锦葵紫的运用，丰富了走廊的色彩感。

CMYK: 51,74,100,18　CMYK: 40,9,23,0
CMYK: 16,82,24,0

走廊中简单的设施，不仅为孩子提供了一个良好的交流与沟通环境，而且也让其具有自己的空间，保护孩子的隐私。

推荐色彩搭配

C: 16　C: 49　C: 49　C: 87
M: 22　M: 21　M: 56　M: 56
Y: 24　Y: 39　Y: 0　　Y: 0
K: 0　　K: 0　　K: 0　　K: 0

C: 0　　C: 77　C: 55　C: 11
M: 70　M: 40　M: 66　M: 13
Y: 67　Y: 0　　Y: 0　　Y: 93
K: 0　　K: 0　　K: 0　　K: 0

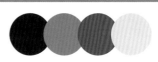

C: 100　C: 44　C: 62　C: 18
M: 98　M: 53　M: 80　M: 9
Y: 71　Y: 60　Y: 0　　Y: 10
K: 64　K: 0　　K: 0　　K: 0

3.8 黑、白、灰

3.8.1 认识黑、白、灰

黑色： 黑色是神秘又暗藏力量的色彩，在环境艺术设计中，黑色往往用来表现庄严、肃穆与深沉的情感，常被人们称为"极色"。

白色： 白色通常能让人联想到白雪、白鸽，能使空间增加宽敞感，白色是纯净、正义、神圣的象征，对易动怒的人可起调节作用。

灰色： 灰色可以最大限度地满足人眼对色彩明度舒适性的要求。它的注目性很低，与其他颜色搭配可取得很好的视觉效果。通常灰色会给人以阴天、轻松、随意、舒服的感觉。

白色
RGB=255,255,255
CMYK=0,0,0,0

月光白色
RGB=253,253,239
CMYK=2,1,9,0

雪白色
RGB=233,241,246
CMYK=11,4,3,0

象牙白色
RGB=255,251,240
CMYK=1,3,8,0

10%亮灰色
RGB=230,230,230
CMYK=12,9,9,0

50%灰色
RGB=102,102,102
CMYK=67,59,56,6

80%炭灰色
RGB=51,51,51
CMYK=79,74,71,45

黑色
RGB=0,0,0
CMYK=93,88,89,88

3.8.2 黑、白、灰搭配

色彩调性： 简约、时尚、个性、理性、品质、枯燥、乏味、单一。

常用主题色：

CMYK: 0,0,0,0　　CMYK: 2,1,9,0　　CMYK: 12,9,9,0　　CMYK: 67,59,56,6　　CMYK: 79,74,71,45　　CMYK: 93,88,89,88

常用色彩搭配

CMYK: 12,9,9,0
CMYK: 39,90,98,4

CMYK: 0,0,0,0
CMYK: 59,35,39,0

CMYK: 93,88,89,80
CMYK: 33,47,88,0

CMYK: 67,59,56,6
CMYK: 52,99,40,1

10%亮灰的纯度偏高，具有柔和、单一的特征，搭配红色丰富了色彩质感。

白色搭配青灰色，给人通透、舒畅的印象，同时白色也可以提高亮度。

黑色具有稳重、压抑的色彩特征，搭配橙色可以起到一定的中和作用。

50%灰的纯度偏低，搭配蓝色提升了整体的格调与品质，深受人们的喜爱。

配色速查

时尚	简约	理性	古朴
		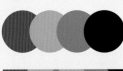	

CMYK: 17,13,13,0
CMYK: 17,26,93,0
CMYK: 76,50,70,7
CMYK: 85,78,73,56

CMYK: 34,23,27,0
CMYK: 87,82,88,74
CMYK: 30,35,42,0
CMYK: 28,57,36,0

CMYK: 95,76,12,0
CMYK: 25,36,41,0
CMYK: 59,50,47,0
CMYK: 93,88,89,80

CMYK: 24,28,36,0
CMYK: 32,48,61,0
CMYK: 75,72,82,50
CMYK: 42,43,51,0

这是一款体育馆设计。从建筑造型体量上看，体育馆造型宛如一块紧凑的浮冰。同时体育馆黑白相间的外观，使其从整个环境中跳脱而出，十分引人注目。

色彩点评

- 体育馆以无彩色的黑白为主色调，给人简约、大气的印象，是整个体育馆区的标志性建筑。
- 绿色草坪的点缀，为体育馆增添了生机与活力，同时也与其运动的内涵相吻合。

CMYK: 94,89,85,77　　CMYK: 33,24,21,0
CMYK: 8,7,4,0

推荐色彩搭配

C: 50	C: 22	C: 95	C: 51	C: 51	C: 34	C: 29	C: 85	C: 14	C: 65	C: 85	C: 7
M: 30	M: 20	M: 91	M: 71	M: 39	M: 86	M: 24	M: 85	M: 13	M: 47	M: 83	M: 22
Y: 21	Y: 19	Y: 82	Y: 80	Y: 51	Y: 93	Y: 22	Y: 91	Y: 13	Y: 45	Y: 84	Y: 65
K: 0	K: 0	K: 76	K: 13	K: 0	K: 1	K: 0	K: 76	K: 0	K: 0	K: 71	K: 0

这是一款单身男士公寓餐厅设计。将简单的餐厅用具作为空间主体对象，在满足了基本需求之外，凸显出居住者的品位与格调。

色彩点评

- 整个空间以简约的黑白两色为主，无彩色的运用，给人干练、成熟的印象。
- 少量明度偏高的绿色以及橙色的点缀，为单调的空间增添了一抹亮丽的色彩。

CMYK: 93,88,87,78　CMYK: 21,17,15,0
CMYK: 24,41,100,0　CMYK: 24,7,89,0

悬挂吊灯的装饰，以独特的造型打破了纯色墙体的单调与枯燥，具有很强的装饰效果。

推荐色彩搭配

C: 86	C: 38	C: 22	C: 54	C: 85	C: 44	C: 69	C: 8	C: 47	C: 91	C: 47	C: 78
M: 82	M: 31	M: 53	M: 56	M: 44	M: 35	M: 61	M: 53	M: 50	M: 88	M: 30	M: 36
Y: 91	Y: 37	Y: 75	Y: 62	Y: 79	Y: 41	Y: 58	Y: 33	Y: 58	Y: 89	Y: 22	Y: 33
K: 73	K: 0	K: 0	K: 2	K: 5	K: 0	K: 9	K: 0	K: 0	K: 80	K: 0	K: 0

4

第4章
环境艺术设计的
空间分类

环境艺术设计的空间有很多种，而且根据居住者的不同需求，通常还需要在原有基础上进行改造。常见的空间分类有客厅、卧室、餐厅、厨房、书房、卫浴、玄关、休息室、楼梯、庭院、创意空间、商业空间等。

特点：

➢ 客厅是住宅中最能凸显居住者品位的地方，既可奢华精致，也可简约大方。

➢ 卧室是休息睡眠的地方，在设计时多追求静谧感。因此，在设计中多使用一些明度和纯度适中的色调，而且会选择一些具有格调的地毯，尽可能地减少噪声。

➢ 书房多注重宽敞与明亮，因此在设计时一般采用玻璃材质的窗户，来保证室内足够的光源，为居住者营造一个舒适的阅读环境。

➢ 商业空间的设计多种多样，根据不同的商业特征，可以呈现不同类型的空间格调。

4.1 客厅

色彩调性： 时尚、简约、韵味、鲜明、明朗、通透、个性、优雅。

常用主题色：

CMYK:71,27,34,0　　CMYK:46,36,29,0　　CMYK:63,100,56,21　　CMYK:13,14,45,0　　CMYK:24,27,32,0　　CMYK:52,31,70,0

常用色彩搭配

CMYK: 37,13,19,0
CMYK: 73,44,42,0

CMYK: 35,86,100,2
CMYK: 34,31,31,0

CMYK: 57,26,59,0
CMYK: 20,14,63,0

CMYK: 79,56,9,0
CMYK: 76,70,76,41

青色具有通透、古典的色彩特征，在同类色对比中通常给人统一、和谐的印象。

红色一般给人鲜明、艳丽的感受，搭配明度适中的灰色，具有一定的中和效果。

绿色搭配黄色，以适中的明度和纯度营造了青春、活力的视觉氛围。

蓝色是一种充满理性的色彩，搭配无彩色的黑色，具有稳重、成熟之感。

配色速查

时尚	简约	韵味	鲜明

   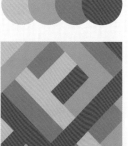

CMYK: 22,21,51,0
CMYK: 39,47,55,0
CMYK: 76,60,40,1
CMYK: 47,100,98,20

CMYK: 8,9,14,0
CMYK: 32,41,47,0
CMYK: 49,68,89,10
CMYK: 56,78,100,34

CMYK: 25,19,18,0
CMYK: 74,36,41,0
CMYK: 40,79,70,2
CMYK: 97,78,61,34

CMYK: 26,30,3,0
CMYK: 21,47,97,0
CMYK: 82,41,86,2
CMYK: 94,73,3,0

这是一款室内客厅设计。整个客厅设计简约大方，而且在经典格纹布艺沙发及几何地毯的装饰下，让这种氛围更加浓厚。同时，裸露在外的石墙，为空间增添了些许的豪放与爽快气息。

色彩点评

■ 客厅以无彩色的灰色为主色调，在不同明度和纯度的变化中增强了整体的层次立体感。

■ 少量枯叶绿的点缀，丰富了客厅的色彩感。

CMYK: 80,73,61,27　CMYK: 23,19,15,0
CMYK: 40,24,42,0

推荐色彩搭配

C: 78	C: 27	C: 43	C: 58
M: 62	M: 25	M: 36	M: 78
Y: 39	Y: 60	Y: 38	Y: 100
K: 0	K: 0	K: 0	K: 39

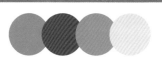

C: 42	C: 53	C: 47	C: 15
M: 42	M: 75	M: 32	M: 11
Y: 44	Y: 60	Y: 87	Y: 7
K: 0	K: 7	K: 0	K: 0

C: 21	C: 55	C: 86	C: 18
M: 32	M: 69	M: 82	M: 64
Y: 38	Y: 87	Y: 76	Y: 28
K: 0	K: 19	K: 63	K: 0

这是一款住宅客厅设计。客厅中象牙白的沙发、蓝色地毯以及极具艺术效果的墙体挂件，共同营造了一个明亮、宽敞的室内环境。

色彩点评

■ 客厅以浅色为主，同时适当灰色的运用，以适中的明度提升了空间的格调与品质。

■ 蓝色、绿色等色彩的点缀，让客厅的色彩感得到增强。

CMYK: 42,33,25,0　CMYK: 76,72,76,45
CMYK: 64,39,0,0　CMYK: 57,8,25,0

巨大落地窗的设计，让居住者将窗外美景尽收眼底，同时也加强了与室外的联系，让视觉延展性得到扩展。

推荐色彩搭配

C: 75	C: 44	C: 56	C: 78
M: 69	M: 8	M: 37	M: 65
Y: 73	Y: 14	Y: 76	Y: 0
K: 36	K: 0	K: 0	K: 0

C: 91	C: 33	C: 57	C: 44
M: 51	M: 82	M: 44	M: 2
Y: 35	Y: 75	Y: 44	Y: 15
K: 0	K: 1	K: 0	K: 0

C: 75	C: 24	C: 56	C: 30
M: 42	M: 28	M: 40	M: 23
Y: 42	Y: 31	Y: 65	Y: 22
K: 0	K: 0	K: 0	K: 0

这是一款公寓的客厅设计。客厅中摆放的低背现代沙发与木质长条凳，营造了简约、时尚的氛围。钢结构的楼梯表面铺设以白色石材，底部则采用了木质衬面，以雕塑般的造型加强了空间的联系。

色彩点评

- 客厅中的白色墙体，提高了空间的亮度，给人通透、明亮的感受。
- 深蓝色以及原木色的运用，在颜色对比中凸显居住者高雅、精致的品位。

CMYK: 14,11,7,0
CMYK: 36,56,56,0

CMYK: 95,90,82,76

推荐色彩搭配

C: 67	C: 93	C: 39	C: 57
M: 51	M: 90	M: 32	M: 39
Y: 30	Y: 85	Y: 31	Y: 43
K: 0	K: 78	K: 0	K: 0

C: 42	C: 62	C: 82	C: 13
M: 80	M: 29	M: 81	M: 9
Y: 81	Y: 73	Y: 91	Y: 9
K: 5	K: 0	K: 69	K: 0

C: 46	C: 36	C: 91	C: 42
M: 60	M: 31	M: 80	M: 60
Y: 68	Y: 29	Y: 89	Y: 46
K: 2	K: 0	K: 71	K: 0

这是一款风廊棚屋客厅设计。客厅内部几乎完全由桦木胶合板和白橡木地板制成，就像安大略森林中一个未经修饰的木质容器，给人优雅、柔和的印象。

CMYK: 49,55,66,1   CMYK: 36,27,18,0
CMYK: 45,73,58,2

色彩点评

- 原木色的运用，营造了家的温馨氛围。而且与房屋建造主旨相吻合，尽显自然气息。
- 深红色花纹地毯的运用，瞬间提升了客厅的优雅格调。

占据墙体大部分面积的玻璃窗户，加强了室外与室内的联系，让居住者得到很好的放松。

推荐色彩搭配

C: 44	C: 43	C: 89	C: 93
M: 32	M: 70	M: 58	M: 89
Y: 28	Y: 32	Y: 56	Y: 87
K: 0	K: 0	K: 9	K: 79

C: 62	C: 2	C: 42	C: 56
M: 45	M: 36	M: 34	M: 60
Y: 55	Y: 78	Y: 42	Y: 91
K: 0	K: 0	K: 0	K: 11

C: 25	C: 55	C: 19	C: 65
M: 67	M: 50	M: 54	M: 37
Y: 100	Y: 52	Y: 35	Y: 44
K: 0	K: 0	K: 0	K: 0

4.2 卧室

色彩调性： 简约、明亮、环保、华丽、时尚、鲜明、素雅、单一。

常用主题色：

CMYK:13,10,11,0　　CMYK:8,34,30,0　　CMYK:44,36,35,0　　CMYK:43,59,94,2　　CMYK:74,40,7,0　　CMYK:17,11,61,0

常用色彩搭配

CMYK: 7,2,70,0
CMYK: 76,70,65,28

CMYK: 54,66,100,16
CMYK: 45,41,43,0

CMYK: 54,29,38,0
CMYK: 12,59,49,0

CMYK: 69,32,10,0
CMYK: 14,44,82,0

黄色是一种十分引人注目的色彩，搭配无彩色的黑色具有中和效果。

棕色由于饱和度偏低具有稳重的色彩特征，在同类色搭配中极具视觉统一性。

青灰色搭配明度适中的红色，在颜色对比中给人优雅的视觉感受。

蓝色搭配橙色，以适中的明度和纯度给人活跃、积极的印象，深受人们喜爱。

配色速查

简约

明亮

环保

华丽

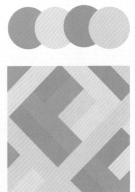

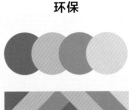

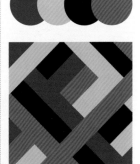

CMYK: 35,38,59,0
CMYK: 51,55,80,3
CMYK: 68,68,71,27
CMYK: 53,32,40,0

CMYK: 44,35,38,0
CMYK: 19,15,15,0
CMYK: 21,50,62,0
CMYK: 32,13,16,0

CMYK: 75,52,80,12
CMYK: 52,13,48,0
CMYK: 43,48,65,0
CMYK: 21,17,19,0

CMYK: 38,100,100,4
CMYK: 23,29,34,0
CMYK: 89,85,85,76
CMYK: 39,78,100,3

这是一款儿童卧室设计。卧室采用非常醒目的原色色调和渲染式墙面，同时辅以吊床和桶凳等俏皮元素，增强了空间的醒目感与新鲜感。

色彩点评

- 蓝色调的运用，以适中的明度和纯度凸显出儿童的活跃与青春，十分引人注目。
- 少量红色及橙色的点缀，在与蓝色的鲜明对比中，丰富了空间的色彩感。

CMYK: 66,65,52,5　　　CMYK: 77,56,0,0
CMYK: 42,100,100,14　CMYK: 27,39,100,0

推荐色彩搭配

C: 50	C: 80	C: 77	C: 34
M: 24	M: 64	M: 75	M: 93
Y: 26	Y: 5	Y: 76	Y: 100
K: 0	K: 0	K: 49	K: 2

C: 28	C: 58	C: 81	C: 69
M: 44	M: 60	M: 75	M: 51
Y: 68	Y: 81	Y: 100	Y: 0
K: 0	K: 11	K: 65	K: 0

C: 40	C: 53	C: 21	C: 76
M: 82	M: 44	M: 22	M: 44
Y: 47	Y: 38	Y: 58	Y: 50
K: 0	K: 0	K: 0	K: 0

这是一款公寓卧室设计。卧室中木质的床体、衣柜及地板，营造了温馨、舒适的居住环境。同时少量绿植的点缀，为卧室增添了活力与生机。

色彩点评

- 深灰色的墙体，以适中的明度给人静谧、安稳的印象。少量青灰色的点缀，提升了卧室的格调。
- 原木色的运用，缓和了灰色的压抑感，同时提高了卧室的亮度。

CMYK: 23,32,42,0　　CMYK: 84,76,70,45
CMYK: 56,33,30,0

独具艺术效果的抽象人物壁画，为单调的空间增添了视觉艺术性，同时打破了水泥墙体的枯燥感。

推荐色彩搭配

C: 44	C: 94	C: 18	C: 16
M: 20	M: 89	M: 13	M: 67
Y: 23	Y: 85	Y: 14	Y: 75
K: 0	K: 78	K: 0	K: 0

C: 51	C: 16	C: 62	C: 31
M: 42	M: 46	M: 27	M: 11
Y: 41	Y: 58	Y: 100	Y: 14
K: 0	K: 0	K: 0	K: 0

C: 57	C: 33	C: 78	C: 10
M: 38	M: 41	M: 73	M: 17
Y: 24	Y: 55	Y: 70	Y: 24
K: 0	K: 0	K: 40	K: 0

这是一款住宅的卧室设计。空间中涂有光泽漆的白色环氧树脂地面，能够反射空间影像，在视觉上扩大了空间的规模尺度。而且简易的床体以及装饰，营造了一个舒适的居住环境。

色彩点评

■ 卧室中原木色的运用，中和了大面积白色的刺激感，为空间增添了些许的柔和与温馨。

■ 青色的门和窗户，在与橙色的鲜明对比中凸显出居住者的品位与格调，十分引人注目。

CMYK: 25,20,21,0　　CMYK: 39,60,97,1
CMYK: 77,50,66,6

推荐色彩搭配

C: 80	C: 33	C: 32	C: 48
M: 55	M: 60	M: 28	M: 93
Y: 71	Y: 70	Y: 35	Y: 100
K: 14	K: 0	K: 0	K: 23

C: 82	C: 28	C: 71	C: 36
M: 80	M: 67	M: 52	M: 26
Y: 76	Y: 13	Y: 64	Y: 24
K: 60	K: 0	K: 4	K: 0

C: 53	C: 59	C: 18	C: 100
M: 72	M: 32	M: 17	M: 75
Y: 100	Y: 42	Y: 44	Y: 29
K: 19	K: 0	K: 0	K: 0

这是一款住宅卧室设计。该卧室采用新古典主义的设计风格，墙体中拱形的墙体隔间以及壁画，营造了优雅、精致的视觉氛围。

色彩点评

■ 空间以深色为主，给人稳重、成熟的视觉感受。深蓝色的运用，让这种氛围更加浓厚。

■ 少量绿植的点缀，为卧室增添了生机与活力，打破了深色的压抑感。

CMYK: 61,71,72,22　　CMYK: 42,33,35,0
CMYK: 99,92,39,2　　CMYK: 58,34,60,0

极具现代感的简易床体以及沙发，使其与古典主义完美地融为一体，尽显居住者的品位与时尚追求。

推荐色彩搭配

C: 100	C: 23	C: 91	C: 18
M: 25	M: 51	M: 77	M: 12
Y: 33	Y: 84	Y: 19	Y: 13
K: 0	K: 0	K: 0	K: 0

C: 3	C: 93	C: 47	C: 43
M: 16	M: 88	M: 38	M: 7
Y: 85	Y: 89	Y: 36	Y: 42
K: 0	K: 80	K: 0	K: 0

C: 35	C: 72	C: 51	C: 51
M: 36	M: 63	M: 30	M: 8
Y: 42	Y: 62	Y: 84	Y: 16
K: 0	K: 15	K: 0	K: 0

4.3　餐厅

色彩调性： 健康、鲜明、雅致、古典、清新、宽敞、明亮。

常用主题色：

CMYK:74,34,73,0　　CMYK:12,33,46,0　　CMYK:71,4,23,0　　CMYK:18,10,5,0　　CMYK:30,100,100,1　　CMYK:94,82,22,0

常用色彩搭配

CMYK：7,75,72,0
CMYK：31,30,37,0

CMYK：68,35,69,0
CMYK：82,78,70,49

CMYK：15,8,78,0
CMYK：43,35,33,0

CMYK：91,67,0,0
CMYK：26,43,50,0

纯度偏高的橙色十分引人注目，在同类色的搭配中刺激人们的食欲。

绿色是一种代表健康、天然的色彩，搭配无彩色的黑色增添了些许的稳重感。

明度偏高的黄色给人活跃、积极的感受，搭配灰色，具有一定的中和效果。

蓝色具有理性、浪漫的色彩特征，搭配棕色，在冷暖色调对比中十分醒目。

配色速查

健康

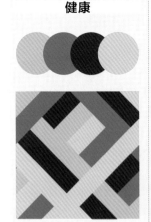

CMYK：31,17,42,0
CMYK：68,49,75,6
CMYK：80,76,68,44
CMYK：4,23,56,0

鲜明

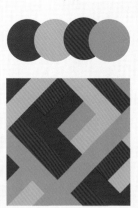

CMYK：21,99,100,0
CMYK：21,34,48,0
CMYK：92,80,45,9
CMYK：51,36,15,0

雅致

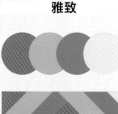

CMYK：31,66,53,0
CMYK：20,32,26,0
CMYK：65,43,43,0
CMYK：15,9,8,0

古典

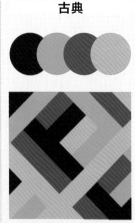

CMYK：63,85,100,56
CMYK：24,37,58,0
CMYK：91,59,56,10
CMYK：31,24,46,0

这是一款餐厅设计。整个餐厅以木质结构为主，营造了温馨、柔和的就餐氛围，而且长条的餐桌也为多人就餐提供了便利。在左侧的镂空屏墙，加强了空间之间的联系与沟通。

色彩点评

■ 空间以灰色为主，以适中的明度和纯度增强了视觉延展性。

■ 原木色的运用中和了灰色的单调，同时也凸显出居住者追求自然的品位。

CMYK: 68,61,56,7　　CMYK: 22,17,16,0
CMYK: 41,53,61,0

推荐色彩搭配

C: 27	C: 16	C: 82	C: 38	C: 0	C: 49	C: 36	C: 54	C: 98	C: 22	C: 82	C: 18
M: 47	M: 16	M: 67	M: 22	M: 20	M: 85	M: 33	M: 72	M: 74	M: 25	M: 77	M: 14
Y: 71	Y: 22	Y: 98	Y: 40	Y: 15	Y: 86	Y: 40	Y: 97	Y: 96	Y: 32	Y: 67	Y: 12
K: 0	K: 0	K: 52	K: 0	K: 0	K: 18	K: 0	K: 22	K: 13	K: 0	K: 43	K: 0

这是一款餐厅设计。将木质结构的餐桌、餐椅作为空间主体对象，营造了一个良好的就餐环境。

色彩点评

■ 餐厅以原木色为主，给人自然、柔和的视觉印象。而且白色墙体的运用，提高了空间的亮度。

■ 绿色的运用，在不同明度以及纯度的变化中为餐厅增添了生机与活力。

CMYK: 28,31,41,0　　CMYK: 48,21,51,0
CMYK: 67,72,76,36

餐桌顶部拼花元素的吊灯，在保证基本照明效果的基础上，具有很强的装饰效果，十分引人注目。

推荐色彩搭配

C: 89	C: 29	C: 49	C: 15	C: 39	C: 92	C: 77	C: 16	C: 54	C: 48	C: 18	C: 65
M: 44	M: 20	M: 71	M: 29	M: 33	M: 89	M: 18	M: 87	M: 47	M: 32	M: 29	M: 81
Y: 67	Y: 31	Y: 94	Y: 36	Y: 36	Y: 86	Y: 4	Y: 100	Y: 62	Y: 100	Y: 58	Y: 100
K: 3	K: 0	K: 12	K: 0	K: 0	K: 78	K: 0	K: 0	K: 0	K: 0	K: 0	K: 54

这是一款餐厅设计。餐厅中所有装饰性的木质结构均被涂成白色，仅将其最基本的几何形状凸显出来，淡化了材料在空间中的存在感，起到新旧过渡的作用。

色彩点评

■ 餐厅以白色为主，给人干净的感受。木质拼接地板，营造了柔和的氛围。

■ 深棕色木质桌椅中和了白色的轻飘感，增强了整体的视觉稳定性。

CMYK: 29,44,60,0　　CMYK: 25,19,15,0
CMYK: 62,76,85,41

推荐色彩搭配

  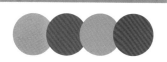

C: 20	C: 31	C: 79	C: 69		C: 7	C: 66	C: 46	C: 13		C: 0	C: 67	C: 31	C: 84
M: 47	M: 20	M: 79	M: 0		M: 33	M: 43	M: 60	M: 15		M: 54	M: 59	M: 41	M: 68
Y: 67	Y: 17	Y: 65	Y: 16		Y: 27	Y: 42	Y: 77	Y: 14		Y: 54	Y: 89	Y: 71	Y: 47
K: 0	K: 0	K: 41	K: 0		K: 0	K: 0	K: 2	K: 0		K: 0	K: 20	K: 0	K: 6

这是一款旅馆的餐厅设计。整个餐厅的就餐空间较为广阔，同时在适当光线的共同作用下，营造了一个舒适、明亮的就餐环境。

色彩点评

■ 餐厅以原木色为主，以适中的明度给人柔和、温馨的感受，可以让就餐者得到很好的放松。

■ 白色的拱顶，增强了空间的层次立体感，同时提高了餐厅的亮度。

CMYK: 38,45,51,0　　CMYK: 42,69,80,3
CMYK: 28,24,22,0

在建筑过程中餐厅独特的拱顶空间被完整地保留下来，增强了空间的视觉延展性与艺术美感。

推荐色彩搭配

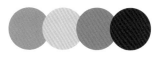  

C: 44	C: 17	C: 29	C: 94		C: 25	C: 85	C: 28	C: 13		C: 75	C: 54	C: 3	C: 27
M: 35	M: 16	M: 53	M: 82		M: 29	M: 83	M: 34	M: 8		M: 1	M: 89	M: 16	M: 20
Y: 31	Y: 36	Y: 69	Y: 63		Y: 90	Y: 70	Y: 46	Y: 5		Y: 27	Y: 100	Y: 25	Y: 46
K: 0	K: 0	K: 0	K: 71		K: 0	K: 54	K: 0	K: 0		K: 0	K: 39	K: 0	K: 0

设计师的环境艺术设计 色彩搭配手册

色彩调性： 清新、精致、舒畅、活跃、柔和、个性、自然、放松。

常用主题色：

 CMYK:6,63,72,0
 CMYK:59,36,35,0
 CMYK:12,11,10,0
 CMYK:78,62,92,37
 CMYK:13,8,60,0
 CMYK:23,74,43,0

常用色彩搭配

CMYK: 12,36,74,0
CMYK: 52,32,26,0

橙色是十分引人注目的色彩，同时也能刺激食欲，搭配青灰色具有稳定效果。

CMYK: 18,76,62,0
CMYK: 94,84,74,63

红色具有艳丽、醒目的色彩特征，搭配无彩色的黑色，增强了视觉稳定性。

CMYK: 19,14,17,0
CMYK: 50,22,33,0

浅灰色搭配青色，二者的纯度偏高，给人柔和、通透的视觉感受，深受人们喜爱。

CMYK: 98,85,0,0
CMYK: 37,13,11,0

蓝色是极具理性、冷静特征的颜色，在同类色的搭配中让空间和谐统一。

配色速查

清新

CMYK: 21,16,15,0
CMYK: 62,30,74,0
CMYK: 19,5,62,0
CMYK: 72,51,16,0

精致

CMYK: 87,60,58,12
CMYK: 30,24,24,0
CMYK: 22,62,54,0
CMYK: 79,74,72,47

舒畅

CMYK: 6,41,44,0
CMYK: 45,42,52,0
CMYK: 15,17,46,0
CMYK: 12,9,9,0

活跃

CMYK: 14,34,72,0
CMYK: 0,81,84,0
CMYK: 38,7,71,0
CMYK: 75,70,58,18

这是一款公寓厨房设计。形同盒子的厨房岛台给人规整、干净的视觉印象。而且在右侧的巨型橱柜为存储物品提供了便利。厨房顶部形状各不相同的吊灯，极具装饰效果。

色彩点评

■ 厨房整体以浅灰色为主，营造了一个整洁的环境。少量黑色的点缀，增强了视觉稳定性。

■ 橄榄绿色的橱柜与胡桃木色形成鲜明对比，给人鲜活、积极的感受。

CMYK: 20,16,16,0　　CMYK: 70,48,62,2
CMYK: 48,77,100,15

推荐色彩搭配

C: 36	C: 92	C: 24	C: 73
M: 29	M: 60	M: 36	M: 38
Y: 29	Y: 63	Y: 50	Y: 75
K: 0	K: 16	K: 0	K: 0

C: 54	C: 25	C: 12	C: 65
M: 56	M: 36	M: 70	M: 48
Y: 54	Y: 49	Y: 82	Y: 91
K: 1	K: 0	K: 0	K: 5

C: 8	C: 67	C: 19	C: 40
M: 7	M: 56	M: 16	M: 58
Y: 62	Y: 60	Y: 7	Y: 100
K: 0	K: 5	K: 0	K: 1

这是一款厨房设计。厨房操作台以大理石为主，为操作者做饭与清理提供了便利。而且顶部木质结构的天花板，为空间增添了些许的柔和气息。

CMYK: 54,42,45,0　　CMYK: 29,33,42,0
CMYK: 88,80,69,49

色彩点评

■ 厨房以灰色为主，在不同明度以及纯度的变化中，增强了空间的层次立体感。

■ 原木色的运用，与灰色形成鲜明的颜色对比，让厨房的人情味更加浓厚。

开放式的厨房方便人们进行交流，可以使家庭关系更加融洽和睦，同时也让空间的视觉延展性得到增强。

推荐色彩搭配

C: 34	C: 86	C: 44	C: 42
M: 18	M: 87	M: 16	M: 46
Y: 21	Y: 88	Y: 60	Y: 55
K: 0	K: 75	K: 0	K: 0

C: 36	C: 18	C: 87	C: 42
M: 42	M: 13	M: 63	M: 42
Y: 38	Y: 16	Y: 64	Y: 55
K: 0	K: 0	K: 21	K: 0

C: 98	C: 40	C: 46	C: 96
M: 80	M: 76	M: 26	M: 89
Y: 0	Y: 0	Y: 16	Y: 83
K: 0	K: 0	K: 0	K: 76

这是一款厨房设计。厨房空间设计简约大方，而且厨房岛台和储物柜饰面采用了同样的材料组合，让整体极具统一感。厨房顶部的圆形吊灯，具有很强的装饰效果与艺术美感。

色彩点评

- 厨房中绿色的运用，营造了鲜活、健康的氛围，为使用者带去愉悦的享受。
- 少量金色的点缀，与绿色形成鲜明的颜色对比，同时也提升了厨房的格调。

CMYK: 14,11,10,0　　CMYK: 98,56,93,30
CMYK: 45,57,100,2

推荐色彩搭配

C: 60	C: 14	C: 96	C: 46
M: 51	M: 11	M: 52	M: 62
Y: 47	Y: 11	Y: 87	Y: 100
K: 0	K: 0	K: 19	K: 5

C: 84	C: 7	C: 76	C: 45
M: 29	M: 24	M: 65	M: 18
Y: 51	Y: 38	Y: 49	Y: 5
K: 4	K: 0	K: 5	K: 0

C: 55	C: 35	C: 72	C: 18
M: 44	M: 24	M: 44	M: 70
Y: 52	Y: 25	Y: 70	Y: 100
K: 0	K: 0	K: 2	K: 0

这是一款住宅厨房设计。该厨房采用开放式的设计方式，加强了空间之间的联系，同时也增强了视觉延展性。

色彩点评

- 厨房以灰色为主色调，在不同明度以及纯度的变化中，增强了空间的层次立体感。
- 少量原木色的点缀，中和了灰色的枯燥与压抑感，为空间增添了些许的柔和气息。

CMYK: 31,22,26,0　　CMYK: 93,85,49,17
CMYK: 96,91,82,74

大型落地窗的运用，让厨房可以有充足的光源，同时也让居住者将室外美景尽收眼底，营造了一个放松、舒适的环境。

推荐色彩搭配

C: 21	C: 62	C: 80	C: 83
M: 29	M: 55	M: 65	M: 82
Y: 39	Y: 64	Y: 21	Y: 95
K: 0	K: 5	K: 0	K: 76

C: 53	C: 27	C: 73	C: 56
M: 67	M: 19	M: 39	M: 18
Y: 100	Y: 26	Y: 100	Y: 16
K: 16	K: 0	K: 1	K: 0

C: 28	C: 78	C: 14	C: 82
M: 39	M: 64	M: 41	M: 80
Y: 43	Y: 49	Y: 86	Y: 76
K: 0	K: 5	K: 0	K: 58

4.5 书房

色彩调性： 大方、简约、鲜活、柔和、稳重、静谧、单一、明亮、通透。

常用主题色：

CMYK:8,67,71,0　　CMYK:70,60,47,2　　CMYK:10,22,44,0　　CMYK:46,54,0,0　　CMYK:55,43,86,1　　CMYK:37,96,36,0

常用色彩搭配

CMYK: 22,86,0,0
CMYK: 63,56,42,0

CMYK: 66,33,58,0
CMYK: 13,49,62,0

CMYK: 35,74,50,0
CMYK: 39,40,43,0

CMYK: 68,78,1,0
CMYK: 89,85,83,74

洋红色的明度偏高，十分引人注目，搭配无彩色的灰色具有很好的中和效果。

绿色搭配橙色，以适中的明度和纯度给人醒目、直观的视觉印象。

红色是一种极具优雅气质的色彩，搭配棕色可以在对比中给人稳重、成熟的印象。

紫色具有神秘、高贵的色彩特征，搭配无彩色的黑色可以让这种氛围更加浓厚。

配色速查

大方	简约	鲜活	柔和

CMYK: 89,73,45,7	CMYK: 37,64,53,0	CMYK: 0,61,85,0	CMYK: 5,15,32,0
CMYK: 24,37,58,0	CMYK: 38,34,35,0	CMYK: 30,36,99,0	CMYK: 26,35,57,0
CMYK: 47,62,91,5	CMYK: 87,77,59,29	CMYK: 61,29,100,0	CMYK: 19,17,7,0
CMYK: 54,20,51,0	CMYK: 25,17,17,0	CMYK: 29,23,22,0	CMYK: 13,43,25,0

这是一款公寓书房设计。书房设计简约大方，整体以棕色橡木为主，营造了一个温馨、舒适的办公环境。而且，黑色墙面的运用，增强了空间的视觉稳定性。

色彩点评

■ 棕色的运用，打破了灰色墙面的冰冷感，为有限的空间增添了些许的人情味。

■ 书架中不同书籍的颜色，丰富了书房的色彩感，让空间变得鲜活起来。

CMYK: 44,51,52,0　　CMYK: 77,69,62,23
CMYK: 4,63,30,0

推荐色彩搭配

C: 31	C: 87	C: 28	C: 42	C: 1	C: 36	C: 92	C: 16	C: 39	C: 44	C: 56	C: 64
M: 47	M: 49	M: 24	M: 100	M: 56	M: 100	M: 88	M: 13	M: 100	M: 36	M: 74	M: 20
Y: 96	Y: 16	Y: 29	Y: 65	Y: 65	Y: 100	Y: 89	Y: 13	Y: 99	Y: 44	Y: 100	Y: 42
K: 0	K: 0	K: 0	K: 4	K: 0	K: 4	K: 80	K: 0	K: 4	K: 0	K: 28	K: 0

这是一款公寓书房设计。书房室内材料以木材、玻璃、轻石和绿植为主，在与环境形成对话的同时，为居住者营造出一个明亮且充满灵感的写作氛围。

色彩点评

■ 书房以浅灰色为主，无彩色的运用营造了一个静谧、舒适的阅读环境。

■ 原木色的地板，在与灰色墙面的对比中增强了整体的视觉稳定性。

CMYK: 45,60,82,2　　CMYK: 45,37,29,0
CMYK: 39,86,100,5

大型落地窗的运用，一方面保证了书房的良好采光；另一方面可以加强与室外的联系，让阅读者得到良好的放松。

推荐色彩搭配

 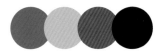 

C: 7	C: 65	C: 47	C: 36	C: 84	C: 12	C: 20	C: 93	C: 36	C: 17	C: 52	C: 57
M: 63	M: 88	M: 53	M: 2	M: 49	M: 29	M: 87	M: 88	M: 82	M: 13	M: 43	M: 65
Y: 58	Y: 100	Y: 57	Y: 10	Y: 83	Y: 35	Y: 93	Y: 89	Y: 57	Y: 11	Y: 40	Y: 78
K: 0	K: 60	K: 0	K: 0	K: 11	K: 0	K: 0	K: 80	K: 0	K: 0	K: 0	K: 15

这是一款公寓的书房设计。在书房中巨大的木质书柜，不仅为摆放书籍等物件提供了便利，而且下方的台面也方便居住者进行办公与阅读。

色彩点评

- 书房以原木色为主，在不同明度以及纯度的变化中，增强了空间的层次立体感。
- 少量纯度偏高的橙色的点缀，瞬间活跃了空间的氛围。

CMYK: 31,37,45,0　　CMYK: 53,73,96,20
CMYK: 8,53,93,0　　CMYK: 89,89,70,60

推荐色彩搭配

C: 42	C: 19	C: 27	C: 75
M: 78	M: 9	M: 64	M: 65
Y: 71	Y: 11	Y: 79	Y: 62
K: 3	K: 0	K: 0	K: 17

C: 33	C: 62	C: 31	C: 67
M: 64	M: 61	M: 15	M: 40
Y: 100	Y: 73	Y: 19	Y: 100
K: 0	K: 13	K: 0	K: 1

C: 54	C: 21	C: 34	C: 67
M: 29	M: 17	M: 46	M: 73
Y: 29	Y: 14	Y: 60	Y: 65
K: 0	K: 0	K: 0	K: 26

这是一款前砖匠老宅扩建的书房设计。整个书房有较为宽广的空间，同时再加上水泥质地的墙面，营造了大方、极简的视觉氛围。

色彩点评

- 书房以灰色为主，无彩色的运用虽然少了一些色彩的艳丽，却凸显出居住者的简约品位。
- 木质桌椅的运用，舒缓了水泥的坚硬与冰冷，为空间增添了些许的柔和气息。

CMYK: 49,42,51,0　CMYK: 26,38,46,0
CMYK: 88,85,91,77

书房屋顶的大型桁架结构，大大改善了该建筑的蓄热特性，同时也加强了室内与室外的联系，具有较强的视觉延展性。

推荐色彩搭配

C: 42	C: 67	C: 31	C: 62
M: 9	M: 77	M: 39	M: 45
Y: 18	Y: 73	Y: 51	Y: 85
K: 0	K: 39	K: 0	K: 2

C: 86	C: 27	C: 37	C: 92
M: 33	M: 15	M: 65	M: 87
Y: 55	Y: 25	Y: 95	Y: 89
K: 0	K: 0	K: 1	K: 80

C: 38	C: 16	C: 54	C: 100
M: 100	M: 13	M: 46	M: 98
Y: 100	Y: 46	Y: 44	Y: 48
K: 7	K: 0	K: 0	K: 3

4.6　卫浴

色彩调性： 优雅、冷静、鲜明、简约、个性、强烈、时尚、稳重。

常用主题色：

CMYK:66,44,56,1　CMYK:30,33,74,0　CMYK:26,20,20,0　CMYK:86,50,27,0　CMYK:21,69,88,0　CMYK:38,96,100,4

常用色彩搭配

CMYK: 60,34,35,0
CMYK: 28,22,22,0

CMYK: 29,50,52,0
CMYK: 77,71,69,37

CMYK: 73,22,38,0
CMYK: 23,88,64,0

CMYK: 14,33,73,0
CMYK: 14,22,14,0

明度偏低的青灰色具有高雅的色彩特征，搭配灰色尽显空间的高雅格调。

棕色搭配深灰色，以较低的纯度在对比中给人稳重、古典的视觉印象。

青色搭配红色，在鲜明的颜色对比中十分引人注目，深受人们喜爱。

橙色搭配浅粉红，以适中的明度在邻近色对比中凸显活跃、柔和的色彩特征。

配色速查

优雅	冷静	鲜明	简约

 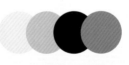 

CMYK: 73,37,33,0
CMYK: 27,27,32,0
CMYK: 49,100,100,24
CMYK: 28,48,39,0

CMYK: 28,31,33,0
CMYK: 71,58,29,0
CMYK: 9,6,9,0
CMYK: 86,85,79,70

CMYK: 11,5,75,0
CMYK: 21,25,38,0
CMYK: 88,85,86,75
CMYK: 40,56,80,0

CMYK: 31,27,26,0
CMYK: 12,11,10,0
CMYK: 19,28,33,0
CMYK: 55,40,33,0

这是一款卫浴设计。整个空间设计较为简约、大方，为了增强卫浴的防潮效果，在地板、洗手池和浴缸等潮湿地带采用覆有蜡质覆层的混凝土表面。

色彩点评

■ 空间以灰色和原木色为主，在对比中给人精简的视觉感受，同时又不乏些许的柔和。

■ 适当的灯带与圆形镜子，提升了整个空间的亮度与视觉延伸度。

CMYK: 47,40,41,0　　CMYK: 29,35,51,0
CMYK: 86,82,82,69

推荐色彩搭配

C: 49	C: 12	C: 51	C: 11
M: 37	M: 15	M: 68	M: 8
Y: 42	Y: 77	Y: 88	Y: 7
K: 0	K: 0	K: 13	K: 0

C: 31	C: 33	C: 37	C: 74
M: 42	M: 89	M: 21	M: 48
Y: 50	Y: 100	Y: 27	Y: 84
K: 0	K: 2	K: 0	K: 8

C: 16	C: 72	C: 47	C: 93
M: 20	M: 58	M: 66	M: 88
Y: 35	Y: 75	Y: 93	Y: 89
K: 0	K: 17	K: 7	K: 80

这是一款住宅卫浴设计。浴室的蓝绿色瓷砖、独特的搪瓷浴缸与木质橱柜形成鲜明对比，营造了一个放松、舒适的视觉氛围。

色彩点评

■ 整个空间以奶白色为主，营造了一个舒适、放松的休息环境。

■ 少量深色的点缀，增强了整体的视觉稳定性，同时也丰富了空间的色彩感。

CMYK: 22,18,20,0　CMYK: 74,45,39,0
CMYK: 45,64,71,2

在墙体上方的矩形镜子，为梳洗者提供了便利。而且在镜子上方的圆形壁灯，既满足了基本的照明需求，又具有视觉艺术性。

推荐色彩搭配

C: 60	C: 80	C: 38	C: 67
M: 33	M: 81	M: 44	M: 62
Y: 35	Y: 86	Y: 100	Y: 58
K: 0	K: 66	K: 0	K: 8

C: 15	C: 79	C: 19	C: 4
M: 93	M: 50	M: 15	M: 67
Y: 70	Y: 41	Y: 16	Y: 87
K: 0	K: 0	K: 0	K: 0

C: 9	C: 88	C: 50	C: 34
M: 25	M: 45	M: 87	M: 27
Y: 76	Y: 26	Y: 100	Y: 27
K: 0	K: 0	K: 27	K: 0

这是一款男士公寓的卫浴设计。整个卫浴设计简约、大方，除了基本的必需装饰物件之外，没有多余的元素。而且墙体上方的镜子，增强了空间感与视觉延展性。

色彩点评

■ 空间以黑、白、灰为主，无彩色的运用尽显居住者稳重、成熟的特征。

■ 适当灯带的运用，满足了基本的照明需求，同时也为空间增添了些许的柔和感。

CMYK: 91,87,89,80　　CMYK: 22,26,36,0
CMYK: 12,9,11,0

推荐色彩搭配

C: 95	C: 25	C: 78	C: 17	C: 0	C: 47	C: 45	C: 93	C: 69	C: 18	C: 81	C: 27
M: 91	M: 21	M: 65	M: 22	M: 42	M: 65	M: 33	M: 88	M: 60	M: 13	M: 76	M: 45
Y: 82	Y: 16	Y: 42	Y: 24	Y: 87	Y: 91	Y: 31	Y: 89	Y: 59	Y: 13	Y: 74	Y: 45
K: 76	K: 0	K: 2	K: 0	K: 0	K: 7	K: 0	K: 80	K: 9	K: 0	K: 53	K: 0

这是一款公寓卫浴设计。长条洗手台的设计为多人洗漱与摆放物品提供了便利，而且大型的镜子增强了整体的空间感。

色彩点评

■ 界面以浅色为主，以适中的明度和纯度营造了一个舒适、明亮的环境。

■ 原木色的运用，为空间增添了些许的柔和与温馨气息。

墙体中凹进去的地方可以放置一些物品，提升了整个空间的利用率。而且洗手台底部的悬空状态，具有很好的防潮作用。

CMYK: 18,13,13,0　　CMYK: 31,29,42,0
CMYK: 36,58,82,0

推荐色彩搭配

C: 27	C: 8	C: 69	C: 29	C: 39	C: 13	C: 63	C: 76	C: 55	C: 94	C: 15	C: 16
M: 23	M: 7	M: 73	M: 23	M: 47	M: 11	M: 38	M: 71	M: 42	M: 86	M: 4	M: 94
Y: 28	Y: 82	Y: 95	Y: 20	Y: 50	Y: 7	Y: 39	Y: 63	Y: 31	Y: 80	Y: 6	Y: 83
K: 0	K: 0	K: 49	K: 0	K: 0	K: 0	K: 0	K: 26	K: 0	K: 70	K: 0	K: 0

4.7 玄关

色彩调性： 明亮、温馨、时尚、清新、柔和、古典、稳重、理性。

常用主题色：

CMYK:39,68,68,1　CMYK:31,27,36,0　CMYK:73,58,44,1　CMYK:82,47,0,0　CMYK:28,59,19,0　CMYK:71,22,37,0

常用色彩搭配

CMYK: 42,63,49,0
CMYK: 24,22,19,0

CMYK: 21,32,45,0
CMYK: 79,39,0,0

CMYK: 70,11,45,0
CMYK: 27,45,95,0

CMYK: 44,20,49,0
CMYK: 34,68,0,0

纯度偏低的深红色具有优雅的特征，搭配浅灰色让这种氛围更加浓厚。

浅棕色是一种较为柔和的色彩，搭配明度适中的蓝色增添了些许的活力感。

青绿色是一种健康自然的色彩，搭配橙色在鲜明的颜色对比中十分醒目。

枯叶绿的纯度偏低，具有些许的压抑感，搭配紫红色具有一定的中和效果。

配色速查

明亮

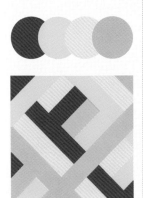

CMYK: 71,65,70,24
CMYK: 48,0,18,0
CMYK: 19,8,28,0
CMYK: 0,37,34,0

温馨

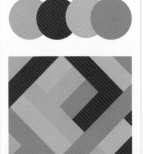

CMYK: 24,35,48,0
CMYK: 83,66,69,31
CMYK: 24,29,27,0
CMYK: 30,51,86,0

时尚

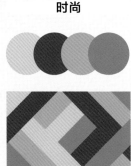

CMYK: 8,23,75,0
CMYK: 36,91,97,2
CMYK: 69,10,44,0
CMYK: 63,40,41,0

清新

CMYK: 38,12,41,0
CMYK: 18,24,26,0
CMYK: 37,44,48,0
CMYK: 9,4,1,0

这是一款住宅玄关设计。入口玄关是一个巨大的木质橱柜，一方面将室内与室外进行了很好的间隔；另一方面为存储物件提供了便利。而且底部悬空的设计，加强了空间之间的流动。

色彩点评

■ 玄关整体以深棕色为主，给人稳重、古典的视觉感受。

■ 少量深色的点缀，增强了空间的视觉稳定性，同时也凸显出居住者的品位。

CMYK: 38,27,23,0   CMYK: 25,40,49,0
CMYK: 84,77,75,55

推荐色彩搭配

C: 78	C: 36	C: 0	C: 47
M: 71	M: 30	M: 35	M: 60
Y: 64	Y: 33	Y: 33	Y: 69
K: 28	K: 0	K: 0	K: 2

C: 29	C: 87	C: 11	C: 64
M: 39	M: 69	M: 7	M: 66
Y: 56	Y: 71	Y: 4	Y: 67
K: 0	K: 39	K: 0	K: 17

C: 91	C: 15	C: 61	C: 14
M: 88	M: 33	M: 39	M: 35
Y: 89	Y: 47	Y: 24	Y: 29
K: 80	K: 0	K: 0	K: 0

这是一款住宅的玄关设计。整个玄关设计较为简单，墙体部位小型橱柜的摆放，方便物品的存储。

色彩点评

■ 原木色的运用，在不同明度与纯度的变化中，为空间增添了柔和、温馨之感。

■ 白色的墙体，与整体格调十分一致。而且在光照的作用下，让空间的亮度得到提高。

玄关墙体上方的窗户，加强了室内与室外的联系。而且上方绿植的摆放，为单调的门口增添了活力与生机。

CMYK: 30,28,31,0   CMYK: 42,57,80,0
CMYK: 63,54,40,0

推荐色彩搭配

C: 67	C: 16	C: 23	C: 57
M: 58	M: 13	M: 66	M: 64
Y: 60	Y: 13	Y: 9	Y: 75
K: 7	K: 0	K: 0	K: 13

C: 22	C: 56	C: 47	C: 24
M: 84	M: 48	M: 7	M: 56
Y: 100	Y: 42	Y: 49	Y: 74
K: 0	K: 0	K: 0	K: 0

C: 80	C: 7	C: 60	C: 22
M: 53	M: 43	M: 61	M: 16
Y: 38	Y: 41	Y: 61	Y: 16
K: 0	K: 0	K: 7	K: 0

这是一款画廊住宅玄关设计。玄关处圆形窗户的添加，不仅增强了整个空间的设计感，而且加强了室内外的联系，让玄关处可以有充足的光源。而长条板凳的摆设，则为居住者出入提供了便利。

色彩点评

■ 空间以灰色的水泥本色为主，无彩色的运用营造了成熟的居住环境。

■ 深棕色的木材色，在与灰色的对比中给人柔和、典雅的视觉印象。

CMYK: 40,40,38,0   CMYK: 42,61,73,1
CMYK: 65,94,97,61

推荐色彩搭配

C: 88	C: 47	C: 53	C: 62
M: 66	M: 42	M: 82	M: 23
Y: 0	Y: 60	Y: 100	Y: 24
K: 0	K: 0	K: 30	K: 0

C: 42	C: 69	C: 33	C: 45
M: 42	M: 66	M: 19	M: 58
Y: 53	Y: 92	Y: 13	Y: 88
K: 0	K: 36	K: 0	K: 3

C: 64	C: 25	C: 37	C: 92
M: 45	M: 17	M: 49	M: 87
Y: 36	Y: 34	Y: 78	Y: 89
K: 0	K: 0	K: 0	K: 80

这是一款玄关设计。玄关处木质橱柜的摆放，可以方便居住者进行物品的存储，同时凸显居住者优雅的气质。

色彩点评

■ 棕色是一种较为稳重、优雅的色彩，但又有些许的压抑与乏味。

■ 绿色植物的添加，对棕色具有很好的中和效果，同时也为空间增添了些许的生机与活力。

墙体上方镜子的摆放，增强了整体的空间感。而且独特的几何纹理，使其与空间格调相一致，极具古典、精致的气息。

CMYK: 25,19,22,0   CMYK: 51,73,100,19
CMYK: 52,31,89,0

推荐色彩搭配

C: 59	C: 55	C: 20	C: 53
M: 26	M: 73	M: 15	M: 80
Y: 68	Y: 10	Y: 20	Y: 100
K: 0	K: 0	K: 0	K: 29

C: 67	C: 37	C: 51	C: 0
M: 23	M: 29	M: 69	M: 36
Y: 13	Y: 27	Y: 85	Y: 33
K: 0	K: 0	K: 12	K: 0

C: 72	C: 38	C: 14	C: 65
M: 71	M: 68	M: 14	M: 42
Y: 70	Y: 51	Y: 12	Y: 75
K: 33	K: 0	K: 0	K: 1

4.8　休息室

色彩调性：典雅、复古、理性、简约、舒适、柔和、明亮、放松、时尚。

常用主题色：

CMYK:81,42,48,0　　CMYK:20,19,24,0　　CMYK:28,62,85,0　　CMYK:66,51,73,6　　CMYK:45,21,31,0　　CMYK:8,8,68,0

常用色彩搭配

CMYK: 23,63,72,0
CMYK: 69,54,77,12

橙色搭配橄榄绿，以较低的明度给人稳重、优雅的印象，深受人们喜爱。

CMYK: 6,35,58,0
CMYK: 26,28,31,0

纯度偏高的浅橙色搭配灰色，在颜色对比中给人柔和、温馨的感受。

CMYK: 36,98,100,3
CMYK: 9,2,68,0

红色搭配黄色，以较高的明度和纯度凸显活跃、醒目的色彩特征。

CMYK: 72,2,39,0
CMYK: 91,80,76,62

青色是一种具有通透、放松特征的色彩，搭配无彩色的黑色增添了些许的稳重感。

配色速查

典雅	复古	理性	简约

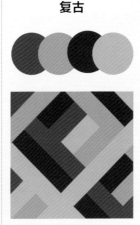

CMYK: 34,63,27,0　　CMYK: 87,60,67,21　　CMYK: 12,25,20,0　　CMYK: 41,43,58,0
CMYK: 25,19,18,0　　CMYK: 40,30,78,0　　CMYK: 73,3,41,0　　CMYK: 39,23,10,0
CMYK: 42,54,73,0　　CMYK: 52,89,100,33　CMYK: 28,57,57,0　　CMYK: 30,64,43,0
CMYK: 74,69,58,16　　CMYK: 29,23,22,0　　CMYK: 83,80,66,45　　CMYK: 17,6,18,0

这是一款公寓的休息室设计。将极具设计感的现代低背座椅和圆形玻璃茶几作为休息室主体对象，营造了一个放松、舒适的交流环境。茶几上方绿植的点缀，为空间增添了生机与活力。

色彩点评

■ 空间以白色为主，给人简约、大方的印象。灰色编织地毯和深棕色座椅，为休息室增添了柔和气息。

■ 玻璃窗户的运用，保证了休息室的充足光源。

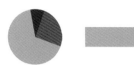

CMYK: 35,29,29,0　　CMYK: 50,71,90,13
CMYK: 82,67,100,52

C: 8	C: 87	C: 36	C: 78	C: 16	C: 75	C: 40	C: 47	C: 76	C: 31	C: 9	C: 89
M: 41	M: 59	M: 26	M: 62	M: 9	M: 36	M: 28	M: 75	M: 42	M: 38	M: 7	M: 86
Y: 60	Y: 96	Y: 80	Y: 62	Y: 13	Y: 35	Y: 51	Y: 100	Y: 66	Y: 56	Y: 90	Y: 90
K: 0	K: 37	K: 0	K: 15	K: 0	K: 0	K: 0	K: 13	K: 1	K: 0	K: 0	K: 78

这是一款住宅休息室设计。该休息室是一个不规则的空间，简单的装饰丰富了空间的细节效果，同时营造了一个良好的休息环境。

色彩点评

■ 原木色壁柜的设计，不仅提升了空间利用率，而且为存储物品提供了便利。

■ 绿植的运用，为有限的空间增添了活力，同时也与室外风景相呼应。

CMYK: 33,23, 27, 0　CMYK: 24,35,49,0
CMYK: 84,83,79,66　CMYK: 45,17,78,0

大型落地窗的设计，让居住者将室外美景尽收眼底，而且加强了空间的流动感。

推荐色彩搭配

C: 31	C: 78	C: 39	C: 24	C: 31	C: 25	C: 66	C: 40	C: 15	C: 27	C: 56	C: 49
M: 11	M: 76	M: 71	M: 19	M: 43	M: 18	M: 39	M: 87	M: 36	M: 71	M: 43	M: 25
Y: 62	Y: 86	Y: 100	Y: 18	Y: 57	Y: 13	Y: 100	Y: 100	Y: 22	Y: 58	Y: 38	Y: 35
K: 0	K: 60	K: 2	K: 6	K: 0	K: 0	K: 1	K: 6	K: 0	K: 0	K: 0	K: 0

这是一款公寓套房的媒体休息室设计。休息室中L形的低背现代沙发、简易电视柜灯，营造了一个舒适、放松的休息环境。天花板中适当灯带的运用，为休息室提供了充足的照明。

色彩点评

■ 休息室以灰色为主，在不同明度的变化中增强了空间的层次立体感。

■ 原木色的拼接地板，在与灰色的对比中给人柔和的视觉感受。

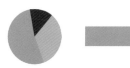

CMYK: 46,37,36,0　　CMYK: 29,32,46,0
CMYK: 79,80,84,63

推荐色彩搭配

C: 58	C: 24	C: 64	C: 12
M: 64	M: 20	M: 36	M: 8
Y: 92	Y: 22	Y: 67	Y: 40
K: 20	K: 0	K: 0	K: 0

C: 44	C: 31	C: 58	C: 5
M: 78	M: 24	M: 71	M: 46
Y: 45	Y: 25	Y: 100	Y: 100
K: 0	K: 0	K: 29	K: 0

C: 13	C: 58	C: 54	C: 88
M: 44	M: 25	M: 56	M: 86
Y: 16	Y: 52	Y: 54	Y: 91
K: 0	K: 0	K: 1	K: 78

这是一款住宅休息室设计。该休息室位于上层空间，简单的摆设营造了一个舒适、放松的交流环境，同时也加强了各个空间的联系。

色彩点评

■ 空间中白色墙体的运用，给人通透、简约的印象。

■ 明度和纯度适中的原木色，适当中和了白色墙体的轻飘感，同时为空间增添了柔和与温馨气息。

CMYK: 33,61,53,0　　CMYK: 19,47,76,0
CMYK: 49,44,44,0　　CMYK: 0,100,100,0

镶进墙里的壁橱，增强了休息室的空间感。而且几何图案的壁画，打破了白色墙体的枯燥感，为空间增添了些许的艺术性。

推荐色彩搭配

C: 82	C: 17	C: 31	C: 40
M: 87	M: 15	M: 59	M: 35
Y: 89	Y: 16	Y: 100	Y: 36
K: 73	K: 0	K: 0	K: 0

C: 27	C: 85	C: 47	C: 85
M: 37	M: 54	M: 41	M: 85
Y: 58	Y: 82	Y: 49	Y: 92
K: 0	K: 18	K: 0	K: 76

C: 50	C: 1	C: 42	C: 55
M: 38	M: 56	M: 52	M: 13
Y: 24	Y: 31	Y: 75	Y: 28
K: 0	K: 0	K: 0	K: 0

4.9　楼梯

色彩调性： 优雅、明亮、强烈、卡通、稳重、简约、时尚。

常用主题色：

CMYK:20,37,86,0　　CMYK:39,18,25,0　　CMYK:33,29,32,0　　CMYK:76,48,75,6　　CMYK:66,81,100,56　　CMYK:75,59,0,0

常用色彩搭配

CMYK: 7,37,46,0
CMYK: 70,40,34,0

橙色搭配青灰色，在颜色一深一浅的对比中既有活跃感，又不失稳重感。

CMYK: 60,46,56,0
CMYK: 27,18,17,0

明度偏低的绿色具有古典、优雅的色彩特征，搭配浅灰色具有一定的中和效果。

CMYK: 24,36,43,0
CMYK: 38,54,65,0

棕色是一种古朴、素雅的色彩，在同类色对比中让空间具有统一和谐感。

CMYK: 86,63,13,0
CMYK: 17,10,55,0

纯度偏低的蓝色极具理性与稳重之感，搭配明度适中的淡黄色十分引人注目。

配色速查

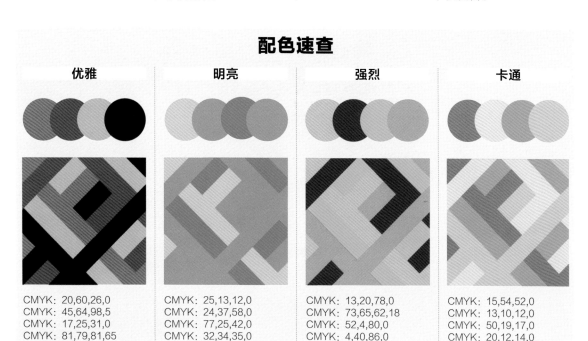

优雅

CMYK: 20,60,26,0
CMYK: 45,64,98,5
CMYK: 17,25,31,0
CMYK: 81,79,81,65

明亮

CMYK: 25,13,12,0
CMYK: 24,37,58,0
CMYK: 77,25,42,0
CMYK: 32,34,35,0

强烈

CMYK: 13,20,78,0
CMYK: 73,65,62,18
CMYK: 52,4,80,0
CMYK: 4,40,86,0

卡通

CMYK: 15,54,52,0
CMYK: 13,10,12,0
CMYK: 50,19,17,0
CMYK: 20,12,14,0

这是一款公寓的室内楼梯设计。楼梯以钢质结构为主，既保证了稳固性，又具有视觉美感。而且间隔栅栏的设计，加强了空间之间的流动性。

色彩点评

■ 青灰色的楼梯，以较低的纯度给人稳重、成熟的印象，凸显出居住者的审美需求。

■ 少量深红色和棕色的点缀，中和了金属的坚硬感，为空间增添了柔和与温馨的气息。

CMYK: 18,12,13,0 　CMYK: 42,22,16,0
CMYK: 60,91,100,52

推荐色彩搭配

C: 48	C: 83	C: 49	C: 28
M: 35	M: 78	M: 39	M: 82
Y: 29	Y: 70	Y: 5	Y: 70
K: 0	K: 47	K: 0	K: 0

C: 35	C: 4	C: 77	C: 37
M: 45	M: 8	M: 72	M: 35
Y: 50	Y: 6	Y: 71	Y: 34
K: 0	K: 0	K: 40	K: 0

C: 47	C: 67	C: 5	C: 53
M: 29	M: 64	M: 13	M: 67
Y: 80	Y: 64	Y: 67	Y: 83
K: 0	K: 15	K: 0	K: 14

这是一款办公式住宅楼梯设计。几何拼贴而成的彩色玻璃隔墙从上层向下延伸至接近地面，围合出一个悬挂式的楼梯。

楼梯两侧采用封闭型的设计，这样不仅对使用者具有很好的保护作用，而且提升了整个空间的视觉美感。

CMYK: 24,20,31,0 　CMYK: 13,16,28,0
CMYK: 27,9,47,0 　CMYK: 47,73,71,7

色彩点评

■ 楼梯以白色为主，营造了一个干净、舒适的空间氛围。

■ 绿色、橙色等色彩构成的彩色拼贴玻璃，以适中的明度和纯度丰富了空间的色彩感。

推荐色彩搭配

C: 46	C: 15	C: 61	C: 28
M: 35	M: 11	M: 41	M: 46
Y: 31	Y: 7	Y: 58	Y: 56
K: 0	K: 0	K: 0	K: 0

C: 2	C: 75	C: 18	C: 29
M: 36	M: 32	M: 9	M: 55
Y: 45	Y: 27	Y: 7	Y: 48
K: 0	K: 0	K: 0	K: 0

C: 64	C: 11	C: 53	C: 24
M: 67	M: 12	M: 17	M: 18
Y: 67	Y: 30	Y: 20	Y: 18
K: 19	K: 0	K: 0	K: 0

这是一款两层半住宅楼梯设计。整个楼梯以相同的木质材料为主，营造了一个统一和谐的视觉空间氛围。而且侧面的垂直栏板，对孩子上下楼梯具有很好的保护作用。

色彩点评

■ 楼梯以原木色为主，以适中的明度和纯度给人柔和、温馨的感受。

■ 在楼梯顶部橱柜中摆放的绿植为空间增添了生机与活力，同时也具有很好的装饰效果。

CMYK: 52,60,71,5　CMYK: 17,30,36,0
CMYK: 34,33,32,0

推荐色彩搭配

C: 16	C: 12	C: 45	C: 85
M: 18	M: 61	M: 66	M: 87
Y: 37	Y: 27	Y: 100	Y: 91
K: 0	K: 0	K: 6	K: 76

C: 52	C: 36	C: 25	C: 14
M: 67	M: 31	M: 31	M: 22
Y: 100	Y: 27	Y: 100	Y: 26
K: 15	K: 0	K: 0	K: 0

C: 59	C: 4	C: 50	C: 44
M: 56	M: 5	M: 62	M: 25
Y: 54	Y: 5	Y: 76	Y: 85
K: 2	K: 0	K: 5	K: 0

这是一款室内楼梯设计。整个楼梯由金属材质构成，给人稳重、成熟的印象，同时也从侧面凸显出居住者的品位与审美需求。

色彩点评

■ 楼梯空间以深色为主，在不同纯度的变化中增强了整体的层次立体感。

■ 棕色的木质地板，很好地缓解了裸露在外的石墙及金属楼梯的坚硬感，增添了些许的柔和气息。

在墙体上的壁灯及悬挂灯饰，既保证了上下楼梯时的基本照明，又具有一定的装饰效果，增强了空间的细节感。

CMYK: 25,20,15,0　CMYK: 95,91,82,75
CMYK: 63,69,91,31

推荐色彩搭配

C: 88	C: 16	C: 75	C: 18
M: 84	M: 16	M: 54	M: 92
Y: 74	Y: 22	Y: 2	Y: 100
K: 61	K: 0	K: 0	K: 0

C: 47	C: 19	C: 75	C: 58
M: 42	M: 39	M: 84	M: 27
Y: 44	Y: 85	Y: 99	Y: 36
K: 0	K: 0	K: 68	K: 0

C: 47	C: 100	C: 25	C: 93
M: 37	M: 83	M: 29	M: 91
Y: 25	Y: 23	Y: 33	Y: 73
K: 0	K: 0	K: 0	K: 64

4.10 庭院

色彩调性： 清新、通透、精致、鲜明、健康、自然、活力、生机。

常用主题色：

CMYK:36,37,41,0　　CMYK:44,55,78,1　　CMYK:66,44,13,0　　CMYK:70,94,44,4　　CMYK:14,9,60,0　　CMYK:24,69,29,0

常用色彩搭配

CMYK: 8,69,46,0
CMYK: 14,13,66,0

CMYK: 25,19,15,0
CMYK: 75,66,0,0

CMYK: 57,43,92,1
CMYK: 5,39,91,0

CMYK: 79,32,20,0
CMYK: 25,44,71,0

红色搭配黄色，在邻近色对比中给人活跃、积极的视觉感受，深受人们喜爱。

浅灰色具有柔和、简约的色彩特征，搭配明度偏低的蓝紫色增添了些许稳重感。

橄榄绿的明度偏低，给人古典、优雅的印象，搭配亮橙色提高了空间的亮度。

青色搭配棕色，在冷暖色调的鲜明对比中给人稳重、通透的视觉印象。

配色速查

清新	通透	精致	鲜明

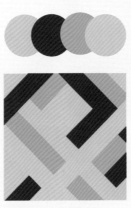

CMYK: 70,48,94,7
CMYK: 27,17,18,0
CMYK: 52,77,100,23
CMYK: 14,8,34,0

CMYK: 14,26,38,0
CMYK: 89,70,70,41
CMYK: 62,20,82,0
CMYK: 20,23,22,0

CMYK: 79,33,44,0
CMYK: 2,18,41,0
CMYK: 38,27,31,0
CMYK: 81,40,100,2

CMYK: 73,64,0,0
CMYK: 58,69,86,24
CMYK: 22,40,45,0
CMYK: 36,69,53,0

这是一款庭院设计。该住宅是由旧马厩改造而成，大面积的草地庭院既营造了天然、充满生机的生活环境，也展现了当地朴素的建筑风格。

色彩点评

- 大面积绿色的运用，在光线作用下呈现很强的层次立体感，拉近了人与自然的距离。
- 棕色以及白色的石墙房屋，让整个空间极具视觉稳定性，凸显了家的温馨与柔和。

CMYK: 47,29,71,0　　　CMYK: 10,7,10,0
CMYK: 53,58,70,4

推荐色彩搭配

C: 62	C: 21	C: 50	C: 29
M: 43	M: 13	M: 84	M: 19
Y: 93	Y: 47	Y: 100	Y: 20
K: 2	K: 0	K: 25	K: 0

C: 27	C: 64	C: 42	C: 73
M: 18	M: 53	M: 20	M: 42
Y: 18	Y: 51	Y: 78	Y: 75
K: 0	K: 1	K: 0	K: 2

C: 18	C: 58	C: 62	C: 91
M: 29	M: 57	M: 28	M: 89
Y: 29	Y: 58	Y: 30	Y: 88
K: 0	K: 2	K: 0	K: 79

这是一款住宅庭院设计。水泥地面的庭院在有限的范围内为居住者提供了一个良好的活动场所，而且周围的草地以及绿树尽显自然与清新。

色彩点评

- 水泥材质的庭院与房屋整体格调相一致，给人稳重、成熟的印象。
- 绿色的草地、树木与红色砖墙形成鲜明的颜色对比，十分引人注目。

在庭院摆放的简易桌椅，非常方便居住者进行交流与休息。特别是大型落地窗的设计，加强了室内与室外的流动性。

CMYK: 75,53,100,18　CMYK: 18,13,16,0
CMYK: 24,64,71,0

推荐色彩搭配

C: 48	C: 68	C: 27	C: 33
M: 35	M: 52	M: 29	M: 61
Y: 93	Y: 100	Y: 32	Y: 74
K: 0	K: 11	K: 0	K: 0

C: 78	C: 19	C: 71	C: 4
M: 32	M: 11	M: 43	M: 10
Y: 35	Y: 7	Y: 100	Y: 13
K: 0	K: 0	K: 4	K: 0

C: 100	C: 4	C: 20	C: 69
M: 96	M: 53	M: 12	M: 38
Y: 68	Y: 42	Y: 8	Y: 100
K: 62	K: 0	K: 0	K: 1

这是一款庭院设计。庭院是大面积的草地，营造了一个充满自然与生机的居住环境。在庭院中部的火坑，方便居住者进行室外取暖与交流。

色彩点评

■ 绿色是极具生机与活力的色彩，房屋四周环绕的绿色拉近了人与自然的距离。

■ 夜晚时分的橙色灯光，在深色建筑的衬托下十分醒目，给人温馨的视觉感受。

CMYK: 75,53,100,16　　CMYK: 84,78,52,16
CMYK: 43,39,41,0　　CMYK: 25,80,100,0

推荐色彩搭配

C: 17	C: 27	C: 71	C: 28	C: 77	C: 33	C: 69	C: 41	C: 87	C: 42	C: 34	C: 4
M: 22	M: 66	M: 57	M: 24	M: 67	M: 30	M: 43	M: 24	M: 42	M: 23	M: 53	M: 24
Y: 26	Y: 100	Y: 100	Y: 15	Y: 70	Y: 35	Y: 8	Y: 58	Y: 23	Y: 47	Y: 84	Y: 29
K: 0	K: 0	K: 21	K: 0	K: 26	K: 0	K: 0	K: 0	K: 0	K: 0	K: 0	K: 0

这是一款庭院设计。住宅建筑为住户提供了绝佳的景观视野，而T形的庭院让空间得到进一步延伸。

色彩点评

■ 深色的建筑尽显住户稳重、成熟的个性，同时也增强了视觉稳定性。

■ 围绕在住宅周围的绿色植被，营造了人与自然和谐相处的视觉氛围。

CMYK: 23,16,18,0　　CMYK: 69,64,76,26
CMYK: 36,51,68,0

庭院种满了当地的植物和树木，营造出一种原始森林的氛围，而且露天浴池为居住者提供了一个良好的放松空间。

推荐色彩搭配

C: 53	C: 59	C: 2	C: 29	C: 13	C: 0	C: 76	C: 23	C: 42	C: 93	C: 31	C: 69
M: 25	M: 45	M: 40	M: 24	M: 13	M: 71	M: 67	M: 41	M: 33	M: 88	M: 49	M: 33
Y: 0	Y: 100	Y: 100	Y: 5	Y: 63	Y: 47	Y: 0	Y: 56	Y: 24	Y: 89	Y: 79	Y: 75
K: 0	K: 2	K: 0	K: 0	K: 0	K: 0	K: 0	K: 0	K: 0	K: 80	K: 0	K: 0

4.11　创意空间

色彩调性：内涵、鲜明、时尚、品质、个性、精致、古典、稳重。

常用主题色：

CMYK:7,47,74,0　　CMYK:97,80,8,0　　CMYK:0,80,63,0　　CMYK:36,24,40,0　　CMYK:81,69,96,55　　CMYK:25,19,18,0

常用色彩搭配

CMYK: 81,53,85,19　　CMYK: 13,31,77,0　　CMYK: 71,57,0,0　　CMYK: 71,29,26,0
CMYK: 8,52,49,0　　　CMYK: 56,47,47,0　　CMYK: 24,37,58,0　　CMYK: 48,100,98,21

墨绿色以较低的纯度给人优雅的视觉印象，搭配橙色十分引人注目。　黄色具有活跃、积极的色彩特征，搭配无彩色的灰色具有一定的中和效果。　蓝色搭配明度适中的棕色，在冷暖色调的鲜明对比中给人冷静、稳重之感。　青色是一种具有古典气息的色彩，搭配深红色在对比中让这种氛围更加浓厚。

配色速查

内涵	鲜明	时尚	品质

   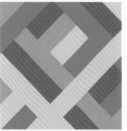

CMYK: 29,76,78,0　　CMYK: 10,31,83,0　　CMYK: 82,56,0,0　　CMYK: 18,45,85,0
CMYK: 65,32,47,0　　CMYK: 88,88,86,77　CMYK: 68,60,57,7　　CMYK: 70,43,15,0
CMYK: 14,27,47,0　　CMYK: 62,16,70,0　　CMYK: 34,27,25,0　　CMYK: 61,57,58,4
CMYK: 68,68,73,29　CMYK: 29,23,22,0　　CMYK: 22,55,37,0　　CMYK: 25,16,21,0

这是一款共享办公空间设计。该会议室背景墙上的植物墙纸，为空间增添了活跃感与趣味性。而且以透明玻璃作为间隔，加强了各个空间之间的联系。

- 绿色的运用，以适中的纯度和明度给人醒目、积极的印象。其中点缀的红色，让这种氛围更加浓厚。
- 原木色的桌椅，为会议室增添了些许的柔和之感。

CMYK: 15,29,36,0　　CMYK: 43,75,77,5
CMYK: 76,57,100,25　CMYK: 93,88,89,80

推荐色彩搭配

C: 47	C: 94	C: 26	C: 31	C: 65	C: 27	C: 97	C: 5	C: 60	C: 88	C: 25	C: 100
M: 26	M: 88	M: 22	M: 36	M: 60	M: 22	M: 22	M: 58	M: 41	M: 60	M: 42	M: 97
Y: 45	Y: 87	Y: 25	Y: 46	Y: 60	Y: 17	Y: 91	Y: 55	Y: 38	Y: 76	Y: 100	Y: 69
K: 0	K: 78	K: 0	K: 0	K: 7	K: 0	K: 31	K: 0	K: 0	K: 29	K: 0	K: 62

这是一款咖啡店设计。咖啡店天花板以壁画为创作灵感，将其以3D的形式进行呈现，营造了一个梦幻的空间氛围。

以L形呈现的空间，为就餐者提供了便利。而且在顶部画面与白墙过渡的位置借助一排灯具加以照亮，让图像更加清晰。

CMYK: 57,53,47,0　　CMYK: 42,51,59,0
CMYK: 27,46,84,0　　CMYK: 44,89,100,10

- 天花板壁画中橙色、红色等色彩的运用，在渐变过渡中极具视觉冲击力。
- 原木色的桌椅，在适当光照的作用下为就餐者提供了一个舒适、放松的环境。

推荐色彩搭配

C: 49	C: 20	C: 10	C: 75	C: 40	C: 91	C: 17	C: 29	C: 56	C: 38	C: 93	C: 13
M: 70	M: 11	M: 78	M: 64	M: 33	M: 56	M: 44	M: 80	M: 69	M: 31	M: 88	M: 78
Y: 95	Y: 11	Y: 73	Y: 59	Y: 34	Y: 100	Y: 49	Y: 91	Y: 84	Y: 32	Y: 89	Y: 60
K: 12	K: 0	K: 0	K: 14	K: 0	K: 30	K: 0	K: 0	K: 19	K: 0	K: 80	K: 0

这是一款餐厅设计。以餐厅中庭的法贝热彩蛋为主角，为四周注入活力，极具创意感与视觉冲击力。而且适当的灯光照明，营造了一个放松、舒适的就餐环境。

色彩点评

- 空间以金色为主，在不同明度以及纯度的变化中给人奢华、高雅的视觉感受。
- 浅色的简易桌椅，既为就餐者提供了便利，也凸显了空间时尚、简约的特征。

CMYK: 58,53,45,0　　CMYK: 50,73,100,15
CMYK: 75,81,100,66

推荐色彩搭配

C: 61	C: 42	C: 38	C: 67
M: 67	M: 20	M: 91	M: 36
Y: 100	Y: 18	Y: 100	Y: 54
K: 27	K: 0	K: 4	K: 0

C: 93	C: 38	C: 30	C: 93
M: 69	M: 49	M: 23	M: 80
Y: 62	Y: 85	Y: 22	Y: 92
K: 28	K: 0	K: 0	K: 76

C: 39	C: 93	C: 23	C: 73
M: 31	M: 79	M: 42	M: 36
Y: 32	Y: 50	Y: 44	Y: 57
K: 0	K: 15	K: 0	K: 0

这是一款豪华餐厅设计。在餐厅中由木质装置构成的柱状抽油烟机是视觉焦点所在，具有很强的创意感与视觉吸引力。

色彩点评

- 装置以原木色为主，在适当照明的作用下，让其具有很强的层次立体感。
- 适当深色的运用，将装置醒目地凸显出来，同时也让餐厅具有视觉稳定性。

抽油烟机下方的圆形台面，可以让厨师操作有充足的空间，同时也让就餐者看到食物的制作过程，获得其对餐厅的信赖感。

CMYK: 79,73,68,39　CMYK: 36,49,56,0
CMYK: 2,15,22,0

推荐色彩搭配

C: 56	C: 43	C: 20	C: 14
M: 73	M: 37	M: 98	M: 46
Y: 100	Y: 36	Y: 98	Y: 74
K: 27	K: 0	K: 0	K: 0

C: 63	C: 60	C: 55	C: 93
M: 18	M: 65	M: 15	M: 88
Y: 60	Y: 75	Y: 11	Y: 89
K: 0	K: 16	K: 0	K: 80

C: 100	C: 11	C: 9	C: 100
M: 87	M: 15	M: 59	M: 79
Y: 24	Y: 18	Y: 71	Y: 72
K: 0	K: 0	K: 0	K: 54

4.12　商业空间

色彩调性： 柔和、鲜明、清新、复古、稳重、理智、简约、时尚。

常用主题色：

CMYK:23,18,17,0　CMYK:85,56,78,22　CMYK:17,20,40,0　CMYK:18,60,7,0　CMYK:72,24,29,0　CMYK:67,66,76,26

常用色彩搭配

CMYK：37,19,37,0
CMYK：81,58,87,28

CMYK：71,42,11,0
CMYK：28,75,69,0

CMYK：27,32,70,0
CMYK：47,33,33,0

CMYK：7,37,51,0
CMYK：93,88,89,80

绿色是极具生机与活力的色彩，在同类色搭配中具有统一和谐的视觉美感。

蓝色搭配红色，适中的明度和纯度在颜色对比中十分引人注目。

黄色具有活跃、积极的色彩特征，搭配无彩色的灰色，可以提升空间格调。

明度适中的橙色搭配无彩色的黑色，中和了颜色的跳跃感，增强了视觉稳定性。

配色速查

柔和　　　　鲜明　　　　清新　　　　复古

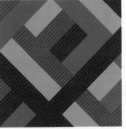

CMYK：16,31,21,0
CMYK：25,58,56,0
CMYK：14,14,9,0
CMYK：44,50,49,0

CMYK：83,75,20,0
CMYK：42,0,3,0
CMYK：15,9,74,0
CMYK：80,75,65,36

CMYK：5,16,40,0
CMYK：64,14,32,0
CMYK：20,11,40,0
CMYK：26,20,18,0

CMYK：34,83,83,1
CMYK：77,49,80,9
CMYK：11,51,79,0
CMYK：73,67,79,37

这是一款店铺设计。在店铺中间由两块巨石相接而成的中央水槽映入眼帘，水槽四周铺有几何形状的石砖，石砖呈放射状排列，向格林尼治的历史建筑致敬。

色彩点评

■ 整个空间以灰色为主色调，在不同明度以及纯度的变化中增强了层次立体感。

■ 适当灯带的装饰，既保证了室内的充足照明，又为空间增添了些许的柔和气息。

CMYK: 40,35,33,0　　　CMYK: 64,65,67,16
CMYK: 28,40,54,0

推荐色彩搭配

C: 45	C: 16	C: 26	C: 58
M: 73	M: 12	M: 30	M: 44
Y: 100	Y: 9	Y: 38	Y: 42
K: 8	K: 0	K: 0	K: 0

C: 65	C: 13	C: 96	C: 22
M: 63	M: 39	M: 88	M: 25
Y: 64	Y: 93	Y: 24	Y: 33
K: 13	K: 0	K: 0	K: 0

C: 55	C: 52	C: 16	C: 79
M: 85	M: 43	M: 12	M: 53
Y: 100	Y: 30	Y: 11	Y: 100
K: 36	K: 0	K: 0	K: 20

这是一款咖啡店设计。咖啡店以当地的风土人情为设计出发点，以用餐区域巨大的拱门搭配泥土饰面，营造出一种神圣的空间氛围。

CMYK: 38,61,84,0　CMYK: 12,13,18,0
CMYK: 88,78,58,27

色彩点评

■ 就餐区域以原木色为主，在不同纯度的变化中，让空间富于变化。

■ 靠背沙发中少量墨蓝色的点缀，以较低的纯度增强了空间的视觉稳定性。

不同造型的餐桌椅，为用餐者提供了多样的选择。而且木质材料的运用，让空间充满柔和与温馨的气息。

推荐色彩搭配

C: 46	C: 22	C: 60	C: 87
M: 38	M: 27	M: 50	M: 87
Y: 38	Y: 70	Y: 89	Y: 90
K: 0	K: 0	K: 5	K: 78

C: 27	C: 76	C: 62	C: 18
M: 29	M: 37	M: 63	M: 16
Y: 63	Y: 77	Y: 71	Y: 18
K: 0	K: 0	K: 15	K: 0

C: 1	C: 68	C: 31	C: 13
M: 10	M: 64	M: 33	M: 62
Y: 91	Y: 73	Y: 39	Y: 76
K: 0	K: 23	K: 0	K: 0

这是一款自助洗衣店设计。在空间中的大理石工作台，为客人整理服饰提供了便利。而且，顶部悬挂的植物与墙体瓷砖相呼应，给人统一和谐的视觉感受。

- 超细的灰色水泥地面，具有很强的防滑功能，而且凸显出店铺稳重、成熟的经营理念。
- 纯度偏低的绿色，给人环保、健康的印象，同时也与整个空间的设计理念相呼应。

CMYK: 51,43,42,0　　CMYK: 66,50,76,6
CMYK: 18,14,15,0

推荐色彩搭配

C: 95	C: 34	C: 4	C: 97
M: 53	M: 27	M: 8	M: 91
Y: 100	Y: 25	Y: 69	Y: 33
K: 28	K: 0	K: 0	K: 0

C: 47	C: 78	C: 15	C: 16
M: 38	M: 40	M: 19	M: 60
Y: 40	Y: 78	Y: 42	Y: 28
K: 0	K: 2	K: 0	K: 0

C: 53	C: 84	C: 19	C: 69
M: 35	M: 63	M: 78	M: 22
Y: 29	Y: 31	Y: 67	Y: 55
K: 0	K: 0	K: 0	K: 0

这是一款公司办公室设计。共享空间的设计，为员工之间进行交流与休息提供了便利。而且木质桌椅的摆设，尽显现代的简约与大方。

- 整个空间以浅色为主，以适中的明度和纯度共同营造一个如家一般温馨的工作环境。
- 一抹深红色的点缀，为单调的空间增添了些许的活跃与激情。

CMYK: 18,14,15,0　　CMYK: 20,44,57,0
CMYK: 73,48,59,2　　CMYK: 46,100,100,23

墙体上方具有幽默感的壁画，可以缓解员工的工作压力，同时也让员工之间的联系更加紧密。

推荐色彩搭配

C: 84	C: 2	C: 28	C: 19
M: 56	M: 19	M: 85	M: 13
Y: 89	Y: 33	Y: 91	Y: 16
K: 25	K: 0	K: 0	K: 0

C: 29	C: 4	C: 63	C: 84
M: 24	M: 15	M: 7	M: 79
Y: 22	Y: 38	Y: 29	Y: 69
K: 0	K: 0	K: 0	K: 48

C: 18	C: 79	C: 3	C: 36
M: 36	M: 62	M: 28	M: 28
Y: 12	Y: 74	Y: 40	Y: 24
K: 0	K: 27	K: 0	K: 0

5

第5章
环境艺术设计的风格

如今环境艺术设计风格多种多样，不同种类的设计风格有不同的设计特点与要求。常见的设计风格有中式、现代、欧式、极简风、美式、法式、新古典、地中海、工业、复古等。

特点：

➢ 现代设计风格，就是运用极具现代感的装饰元素，营造温馨、舒适的居住环境。

➢ 美式设计风格，一般较为简洁明快，通常使用大量的石材和木质材料进行装饰。由于美国人喜欢一些具有历史感的东西，因此，在整体风格中又具有些许的历史气息。

➢ 极简设计风格，就是在主题的明确指引下，在让空间尽可能地简单明了的同时，又具有别样的时尚与个性。

➢ 复古设计风格，就是在设计时运用具有年代感的物件，来展现居住者的品位与格调。

5.1　中式设计风格

色彩调性： 高贵、朴实、水墨、诗意、规整、中式、包容、端庄。

常用主题色：

CMYK:50,90,87,24　CMYK:57,55,57,2　CMYK:13,27,69,0　CMYK:83,52,42,0　CMYK:12,9,9,0　CMYK:38,51,74,0

常用色彩搭配

CMYK：31,56,55,0
CMYK：83,91,81,73

CMYK：7,54,94,0
CMYK：57,90,100,47

CMYK：24,67,54,0
CMYK：71,60,48,3

CMYK：18,20,36,0
CMYK：86,60,53,7

纯度和明度偏低的橙色具有复古、典雅的色彩特征，搭配黑色可以增强稳定性。

橙色搭配深红色，在颜色一深一浅中给人活跃又不失稳重的视觉感受。

明度和纯度适中的红色搭配无彩色的灰色，具有雅致、成熟的色彩特征。

纯度偏低的黄绿色搭配青色，是一种充满诗情画意的色彩，深受人们喜爱。

配色速查

高贵

CMYK：35,94,100,2
CMYK：11,35,58,0
CMYK：75,72,82,50
CMYK：68,42,69,1

朴实

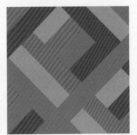

CMYK：28,61,67,0
CMYK：60,63,62,8
CMYK：29,41,52,0
CMYK：60,47,38,0

水墨

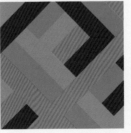

CMYK：44,42,55,0
CMYK：82,72,62,30
CMYK：74,37,42,0
CMYK：19,64,39,0

诗意

CMYK：83,73,63,32
CMYK：10,9,6,0
CMYK：59,60,64,6
CMYK：27,50,86,0

这是购物中心的快乐熊猫餐厅设计。这是一家充满中国元素的餐厅，餐厅的天花是抽象简化的中国古建筑屋顶，墙面上方的清明上河图与其他元素一起营造了温馨舒适的就餐环境。

色彩点评

◾ 整个餐厅以橙色为主，明度和纯度适中，在灯光的作用下让整个空间极具立体层次感。

◾ 少量红色的运用，丰富了整个餐厅的色彩感。

CMYK: 38,75,100,2　　CMYK: 16,51,66,0
CMYK: 4,65,67,0

推荐色彩搭配

C: 84	C: 20	C: 11	C: 26
M: 89	M: 40	M: 64	M: 18
Y: 91	Y: 44	Y: 67	Y: 20
K: 77	K: 0	K: 0	K: 0

C: 47	C: 92	C: 4	C: 5
M: 69	M: 88	M: 25	M: 56
Y: 65	Y: 89	Y: 45	Y: 100
K: 4	K: 80	K: 0	K: 0

C: 50	C: 15	C: 91	C: 9
M: 61	M: 10	M: 87	M: 62
Y: 98	Y: 14	Y: 87	Y: 64
K: 7	K: 0	K: 78	K: 0

这是一款中餐厅设计。整个餐厅设计极具中国风，将一个霓虹灯圆窗作为接待区的装饰元素，具有很强的装饰效果与视觉延展性。

色彩点评

◾ 餐厅以深红色为主色调，较低的明度凸显出餐厅优雅、成熟的独特格调。

◾ 橙色系霓虹灯光的运用，很好地营造了空间氛围，让就餐者得到适当的放松。

CMYK: 75,95,93,72　　CMYK: 44,85,100,11
CMYK: 2,18,38,0

灯笼、圆窗、屏风等极具中式风格元素的运用，共同为餐厅营造出明亮而振奋人心的视觉氛围。

推荐色彩搭配

C: 100	C: 35	C: 93	C: 7
M: 70	M: 69	M: 89	M: 18
Y: 40	Y: 100	Y: 87	Y: 32
K: 2	K: 1	K: 79	K: 0

C: 46	C: 33	C: 56	C: 87
M: 100	M: 34	M: 46	M: 85
Y: 100	Y: 45	Y: 71	Y: 91
K: 18	K: 0	K: 1	K: 77

C: 58	C: 33	C: 99	C: 43
M: 91	M: 32	M: 88	M: 67
Y: 100	Y: 29	Y: 31	Y: 100
K: 51	K: 0	K: 0	K: 4

这是一款创意中式面馆设计。就餐区墙面上方的中式扇形壁画，营造了优雅的就餐环境。而地面上铺设的人形红色地砖，让这种氛围更加浓厚。

色彩点评

☑ 整个餐厅以黑色为主，在不同明度的变化中，增强了空间的层次立体感。

☑ 少量极具中国风的深红色的运用，给人温馨、高雅的视觉感受。

CMYK: 89,86,90,78   CMYK: 53,51,38,0
CMYK: 4,77,61,0

推荐色彩搭配

C: 78　C: 2　　C: 2　　C: 28
M: 84　M: 22　M: 82　M: 23
Y: 93　Y: 34　Y: 56　Y: 23
K: 70　K: 0　　K: 0　　K: 0

C: 28　C: 93　C: 58　C: 34
M: 76　M: 88　M: 62　M: 65
Y: 65　Y: 89　Y: 68　Y: 87
K: 0　　K: 80　K: 9　　K: 0

C: 87　C: 13　C: 54　C: 16
M: 78　M: 9　　M: 91　M: 18
Y: 64　Y: 13　Y: 100　Y: 35
K: 40　K: 0　　K: 39　K: 0

这是一款中餐厅设计。餐厅以传统深色石材、极具东方元素的图案以及木材进行装饰，同时在悬挂灯笼的共同作用下创造了一个温暖开放的就餐空间。

色彩点评

☑ 用餐区以明度和纯度适中的黄色为主，在适当照明的作用下，给人淡雅、放松的印象。

☑ 少量红色的运用，丰富了整个餐厅的色彩感，使其极具中国风。

CMYK: 51,53,86,3   CMYK: 62,80,100,49
CMYK: 31,100,100,2

整个空间丰富的主光源和辅助光源极具层次感，不仅满足了中国传统宴会的需求，而且符合西方的视觉审美。

推荐色彩搭配

C: 62　C: 44　C: 27　C: 40
M: 80　M: 39　M: 95　M: 52
Y: 100　Y: 48　Y: 100　Y: 100
K: 48　K: 0　　K: 0　　K: 0

C: 18　C: 76　C: 11　C: 61
M: 29　M: 68　M: 11　M: 78
Y: 45　Y: 58　Y: 13　Y: 100
K: 0　　K: 17　K: 0　　K: 44

C: 15　C: 84　C: 23　C: 17
M: 91　M: 66　M: 64　M: 25
Y: 100　Y: 75　Y: 76　Y: 44
K: 0　　K: 37　K: 0　　K: 0

5.2 现代设计风格

色彩调性：明亮、理性、摩登、优雅、简约、个性、素净、明亮。
常用主题色：

CMYK:13,11,14,0　CMYK:96,88,55,29　CMYK:6,51,93,0　CMYK:78,27,33,0　CMYK:79,74,72,47　CMYK:9,73,40,0

常用色彩搭配

| CMYK: 71,32,54,0 | CMYK: 21,19,22,0 | CMYK: 21,54,99,0 | CMYK: 23,18,17,0 |
| CMYK: 18,42,54,0 | CMYK: 83,71,39,2 | CMYK: 81,79,81,65 | CMYK: 75,69,66,28 |

绿色搭配橙色，在冷暖色调的鲜明对比中给人活跃、积极的视觉感受。

灰色是一种具有高级感的色彩，搭配明度偏低的蓝色，具有很强的高端格调。

橙色具有鲜活的色彩特征，深受人们喜爱，搭配黑色可以增强视觉稳定性。

无彩色的灰色是一种十分常用的颜色，在不同明度的变化中，极具层次立体感。

配色速查

明亮

CMYK: 75,66,65,24
CMYK: 25,35,49,0
CMYK: 10,7,63,0
CMYK: 9,5,1,0

理性

CMYK: 24,26,21,0
CMYK: 76,60,66,18
CMYK: 33,39,48,0
CMYK: 87,86,90,77

摩登

CMYK: 44,100,100,13
CMYK: 89,55,42,1
CMYK: 49,5,20,0
CMYK: 12,9,9,0

优雅

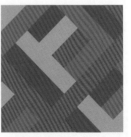

CMYK: 15,43,87,0
CMYK: 46,61,67,2
CMYK: 79,55,73,15
CMYK: 27,78,76,0

这是一款餐厅设计。整个餐厅设计非常现代化，木柱框架的天花板增强了空间的层次立体感。而且餐厅侧墙部位装饰着当地艺术家Chris Burke的插画，为餐桌区域增添了趣味性与艺术性。

色彩点评

■ 餐厅空间以原木色为主，营造了温馨、柔和的视觉氛围，可以让就餐者得到很好的放松。

■ 少量明度偏高的淡蓝色的运用，让餐厅格调瞬间得到提升，十分引人注目。

CMYK: 22,22,25,0　　CMYK: 25,45,68,0
CMYK: 60,32,20,0

推荐色彩搭配

C: 50	C: 25	C: 18	C: 91	C: 23	C: 87	C: 25	C: 70	C: 39	C: 16	C: 82	C: 19
M: 70	M: 24	M: 53	M: 87	M: 20	M: 52	M: 45	M: 35	M: 42	M: 14	M: 84	M: 53
Y: 87	Y: 27	Y: 40	Y: 90	Y: 20	Y: 70	Y: 68	Y: 16	Y: 51	Y: 12	Y: 89	Y: 100
K: 12	K: 0	K: 0	K: 79	K: 0	K: 11	K: 0	K: 0	K: 0	K: 0	K: 72	K: 0

这是一款现代简约住宅设计。该空间天花板采用暖白色的拱顶，营造了明亮、优雅的室内环境。

CMYK: 24,23,25,0　　CMYK: 85,65,38,1
CMYK: 23,64,64,0

色彩点评

■ 空间以浅灰色为主，以适中的明度和纯度尽显居住者的品位与格调。

■ 少量青色以及橙色的点缀，在鲜明的颜色对比中为空间增添了些许的动感与活力。

开放式的厨房，一方面增强了空间的视觉延展性；另一方面具有一定的通透感，可以加强室内与室外的联系。

推荐色彩搭配

C: 24	C: 38	C: 81	C: 24	C: 36	C: 28	C: 10	C: 95	C: 36	C: 19	C: 66	C: 44
M: 36	M: 45	M: 59	M: 16	M: 29	M: 74	M: 22	M: 77	M: 72	M: 13	M: 48	M: 9
Y: 31	Y: 51	Y: 38	Y: 11	Y: 33	Y: 38	Y: 89	Y: 44	Y: 100	Y: 11	Y: 84	Y: 15
K: 0	K: 0	K: 0	K: 0	K: 0	K: 0	K: 0	K: 6	K: 1	K: 0	K: 5	K: 0

这是一款住宅的客厅设计。整个客厅设计简约大方，极具现代化的时尚与美感。大型定制的组合家具与墙体上方的编织壁画，尽显居住者的独特审美与品位格调。

色彩点评

■ 空间以白色和棕色为主，无彩色的运用营造了静谧、优雅的视觉氛围。

■ 编织壁画中少量蓝色以及青色的点缀，丰富了整个空间的色彩感，十分引人注目。

CMYK: 18,15,13,0　　CMYK: 36,42,40,0
CMYK: 75,58,16,0

推荐色彩搭配

C: 73	C: 59	C: 12	C: 78
M: 67	M: 45	M: 10	M: 67
Y: 58	Y: 57	Y: 5	Y: 31
K: 15	K: 0	K: 0	K: 0

C: 57	C: 36	C: 20	C: 76
M: 49	M: 43	M: 16	M: 33
Y: 47	Y: 51	Y: 60	Y: 53
K: 0	K: 0	K: 0	K: 0

C: 29	C: 95	C: 29	C: 84
M: 30	M: 60	M: 67	M: 75
Y: 29	Y: 45	Y: 28	Y: 76
K: 0	K: 3	K: 0	K: 54

这是一款公寓客厅设计。整个空间以一个低背现代沙发和圆形茶几为主，简单的装饰让空间极具现代气息。

色彩点评

■ 蓝色沙发是客厅的视觉焦点所在，以适中的明度给人通透、时尚之感。

■ 少量黑色的运用，适当中和了白色墙体的轻飘感，尽显客厅的高雅与精致。

CMYK: 53,42,38,0　　CMYK: 83,33,18,0
CMYK: 93,88,89,80

在沙发右侧的黑色金属框架储物柜，方便居住者进行物品的存储，同时也与空间整体格调相一致。

推荐色彩搭配

C: 33	C: 82	C: 72	C: 11
M: 26	M: 38	M: 66	M: 4
Y: 25	Y: 16	Y: 62	Y: 51
K: 0	K: 0	K: 18	K: 0

C: 100	C: 21	C: 60	C: 77
M: 95	M: 62	M: 56	M: 12
Y: 57	Y: 86	Y: 58	Y: 28
K: 16	K: 0	K: 3	K: 0

C: 42	C: 73	C: 9	C: 90
M: 33	M: 55	M: 34	M: 82
Y: 35	Y: 25	Y: 49	Y: 83
K: 0	K: 0	K: 0	K: 71

5.3　欧式设计风格

色彩调性： 精致、古典、优雅、高端、奢华、成熟、华丽。

常用主题色：

CMYK:58,70,88,27　　CMYK:46,53,78,1　　CMYK:62,41,19,0　　CMYK:49,88,100,22　　CMYK:30,31,39,0　　CMYK:94,82,22,0

常用色彩搭配

CMYK: 77,34,19,0
CMYK: 45,52,73,1

青色具有通透、复古的色彩特征，搭配棕色给人高雅的视觉印象。

CMYK: 44,100,100,12
CMYK: 88,85,82,73

红色是一种极具高贵与时尚的色彩，搭配无彩色的黑色，瞬间提升了空间格调。

CMYK: 37,41,50,0
CMYK: 63,58,59,5

棕色的明度和纯度较为适中，在同类色搭配中给人统一、和谐的感受。

CMYK: 52,24,59,0
CMYK: 97,87,29,1

绿色和蓝色同为冷色调，二者相搭配在邻近色对比中尽显空间的高端与雅致。

配色速查

精致

CMYK: 30,33,34,0
CMYK: 88,58,90,33
CMYK: 22,43,67,0
CMYK: 49,59,69,3

古典

CMYK: 53,71,79,15
CMYK: 49,54,49,0
CMYK: 33,25,30,0
CMYK: 100,100,55,7

优雅

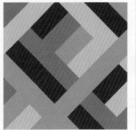

CMYK: 56,53,63,2
CMYK: 24,25,38,0
CMYK: 82,68,82,48
CMYK: 38,42,47,0

高端

CMYK: 82,78,71,51
CMYK: 47,100,99,19
CMYK: 62,12,19,0
CMYK: 50,54,73,2

这是一款住宅楼空间设计。整个空间中的马赛克砖地面、彩色玻璃窗、覆有壁画的墙体、木质装饰元素以及带有浮雕的天花板等，共同打造出华丽的空间氛围。

色彩点评

■ 空间以橙色为主，在不同纯度的变化中，尽显欧式建筑的奢华与精致。

■ 圆形茶几上方绿色植物的运用，为空间增添了些许的生机与活力。

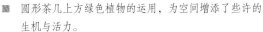

CMYK: 28,41,54,0   CMYK: 48,71,100,11
CMYK: 11,23,51,0   CMYK: 75,90,96,72

推荐色彩搭配

C: 50	C: 36	C: 13	C: 67
M: 74	M: 38	M: 18	M: 38
Y: 100	Y: 43	Y: 25	Y: 39
K: 16	K: 0	K: 0	K: 0

C: 19	C: 51	C: 56	C: 17
M: 16	M: 57	M: 78	M: 23
Y: 22	Y: 80	Y: 100	Y: 37
K: 0	K: 4	K: 33	K: 0

C: 51	C: 18	C: 75	C: 20
M: 67	M: 21	M: 49	M: 42
Y: 96	Y: 21	Y: 62	Y: 71
K: 13	K: 0	K: 4	K: 0

这是一款公寓的卧室设计。整个空间以欧式设计风格为主，层次鲜明的吊灯、精致的床上用品以及欧式花纹壁纸等，共同营造了一个奢华、精美的居住环境。

色彩点评

■ 整个空间以浅色为主，在不同纯度的变化中给人柔和、优雅的印象。

■ 浅蓝色的被子是整个空间的视觉焦点所在，凸显出居住者的品位与格调。

CMYK: 32,36,47,0   CMYK: 19,20,18,0
CMYK: 51,27,25,0

组合型吊灯在满足基本照明的同时，极具设计感与装饰效果，让卧室格调瞬间得到提升。

推荐色彩搭配

C: 36	C: 60	C: 41	C: 50
M: 33	M: 61	M: 18	M: 55
Y: 34	Y: 65	Y: 15	Y: 73
K: 0	K: 8	K: 0	K: 2

C: 74	C: 42	C: 82	C: 18
M: 79	M: 18	M: 56	M: 54
Y: 100	Y: 25	Y: 53	Y: 53
K: 64	K: 0	K: 5	K: 0

C: 20	C: 87	C: 72	C: 43
M: 18	M: 84	M: 21	M: 47
Y: 36	Y: 93	Y: 27	Y: 57
K: 0	K: 75	K: 0	K: 0

这是一款欧式古典风格住宅的客厅设计。将古典、精致的欧式家具作为客厅主体对象，同时在吊灯、橱柜、窗帘等元素的装饰下，共同营造了奢华、高端的客厅环境。

色彩点评

■ 客厅以棕色和奶白色为主，在颜色的深浅变化中让空间极具层次立体感。

■ 极具奢华感的吊灯，在满足基本的照明需求下，让客厅格调瞬间得到提升。

CMYK: 36,45,49,0　　CMYK: 45,60,75,2
CMYK: 16,16,23,0　　CMYK: 65,72,100,43

推荐色彩搭配

C: 19	C: 56	C: 20	C: 70
M: 38	M: 67	M: 33	M: 75
Y: 77	Y: 87	Y: 41	Y: 84
K: 0	K: 18	K: 0	K: 49

C: 52	C: 38	C: 11	C: 91
M: 80	M: 36	M: 27	M: 62
Y: 100	Y: 38	Y: 57	Y: 36
K: 25	K: 0	K: 0	K: 0

C: 27	C: 31	C: 68	C: 24
M: 49	M: 30	M: 39	M: 58
Y: 84	Y: 22	Y: 44	Y: 33
K: 0	K: 0	K: 0	K: 0

这是一款艺术主题酒店的露天休息区设计。整个空间以欧式风格为主，拱形门框以及悬挂壁灯等元素，营造了浓浓的欧式精致氛围。

色彩点评

■ 整个空间以浅色为主，同时在阳光的沐浴下，让人身心放松。

■ 少量绿植的点缀，为休息区增添了生机与活力。

CMYK: 19,12,11,0　　CMYK: 60,51,55,0
CMYK: 52,36,82,0

休息区中现代简易靠背沙发的摆放，为人们提供了一个良好的休息与交流空间。

推荐色彩搭配

C: 67	C: 34	C: 86	C: 33
M: 55	M: 33	M: 82	M: 18
Y: 49	Y: 38	Y: 86	Y: 73
K: 1	K: 0	K: 71	K: 0

C: 50	C: 65	C: 37	C: 85
M: 73	M: 26	M: 32	M: 89
Y: 100	Y: 49	Y: 33	Y: 84
K: 15	K: 0	K: 0	K: 73

C: 60	C: 28	C: 59	C: 56
M: 49	M: 42	M: 35	M: 71
Y: 40	Y: 60	Y: 62	Y: 100
K: 0	K: 0	K: 0	K: 24

5.4 美式设计风格

色彩调性： 简明、温馨、宽敞、素雅、粗犷、实用、高贵、自然。

常用主题色：

CMYK:12,18,12,0　CMYK:41,60,61,0　CMYK:70,71,35,0　CMYK:46,31,51,0　CMYK:31,56,83,0　CMYK:25,19,18,0

常用色彩搭配

CMYK: 44,22,45,0
CMYK: 38,46,59,0

绿色搭配棕色，以适中的明度给人稳重、大方之感，十分凸显居住者的气质。

CMYK: 28,33,51,0
CMYK: 63,80,96,49

棕色是一种古典、高雅的色彩，同类色搭配可以增强空间的层次立体感。

CMYK: 27,92,87,0
CMYK: 77,67,40,2

红色具有鲜艳、热情的色彩特征，搭配纯度偏低的蓝色极具视觉稳定性。

CMYK: 18,19,78,0
CMYK: 82,75,91,65

明度偏高的黄色十分引人注目，搭配无彩色的黑色具有很好的中和效果。

配色速查

简明

CMYK: 30,31,49,0
CMYK: 22,89,85,0
CMYK: 28,21,24,0
CMYK: 77,68,42,2

温馨

CMYK: 15,28,40,0
CMYK: 56,77,100,32
CMYK: 35,52,57,0
CMYK: 36,36,43,0

宽敞

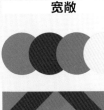

CMYK: 49,47,82,1
CMYK: 85,76,54,19
CMYK: 51,50,59,1
CMYK: 10,5,11,0

素雅

CMYK: 64,78,87,48
CMYK: 38,28,36,0
CMYK: 26,53,69,0
CMYK: 18,18,7,0

这是一款美式餐吧设计，整个空间没有高端或者华而不实的装饰，通过不张扬的材料和统一的色彩打造出简单舒适的视觉氛围。

色彩点评

■ 整个空间以木材本色为主，给人粗犷、豪放的美式色彩特征。

■ 深青色皮面沙发的摆放，瞬间提升了餐厅的格调。而且高脚椅的设计，为就餐者就座提供了便利。

CMYK: 53,85,77,22　　CMYK: 96,63,25,0
CMYK: 29,13,27,0

推荐色彩搭配

C: 38	C: 97	C: 42	C: 29	C: 36	C: 57	C: 13	C: 49	C: 40	C: 27	C: 77	C: 60
M: 67	M: 93	M: 44	M: 20	M: 20	M: 91	M: 28	M: 45	M: 73	M: 38	M: 88	M: 44
Y: 55	Y: 69	Y: 67	Y: 29	Y: 31	Y: 100	Y: 25	Y: 31	Y: 98	Y: 46	Y: 95	Y: 76
K: 0	K: 60	K: 0	K: 0	K: 0	K: 47	K: 0	K: 0	K: 4	K: 0	K: 73	K: 1

这是充满趣味的美式酒吧空间设计。整个餐厅以木质家具为主，将美式风格凸显得淋漓尽致，同时营造了温馨、放松的视觉氛围。

色彩点评

■ 深棕色的运用，以较低的明度给人稳重、精致的印象。

■ 深红色皮面沙发的摆放，丰富了空间的色彩，同时也凸显出酒吧的独特格调与品质。

CMYK: 91,80,93,75　CMYK: 44,64,90,4
CMYK: 49,100,100,33

精致的悬挂式吊灯，既保证了基本的照明功能，同时又具有很强的装饰效果，增强了空间的层次立体感。

推荐色彩搭配

C: 68	C: 42	C: 82	C: 15	C: 35	C: 56	C: 60	C: 31	C: 87	C: 25	C: 31	C: 51
M: 88	M: 27	M: 68	M: 56	M: 56	M: 53	M: 20	M: 28	M: 82	M: 28	M: 47	M: 50
Y: 100	Y: 29	Y: 73	Y: 100	Y: 78	Y: 100	Y: 18	Y: 25	Y: 92	Y: 33	Y: 92	Y: 60
K: 64	K: 0	K: 38	K: 0	K: 0	K: 40	K: 0	K: 0	K: 76	K: 0	K: 0	K: 0

这是一款典雅的美式风格家居设计。将简约的现代家居与典雅精致的壁炉、壁画等元素相结合，凸显出居住者的生活品位与审美倾向。少量绿植的点缀，共同营造了一个美妙的生活空间。

色彩点评

- 空间以无彩色的灰色为主色调，在光照的作用下具有很强的层次立体感。
- 木质家具的使用，为空间增添了些许的柔和与温馨之感。

CMYK: 81,76,74,53　CMYK: 15,11,11,0
CMYK: 42,64,85,3

推荐色彩搭配

C: 88	C: 11	C: 55	C: 65
M: 76	M: 8	M: 46	M: 83
Y: 49	Y: 7	Y: 43	Y: 100
K: 12	K: 0	K: 0	K: 57

C: 51	C: 2	C: 93	C: 15
M: 56	M: 38	M: 88	M: 27
Y: 80	Y: 85	Y: 89	Y: 50
K: 4	K: 0	K: 80	K: 0

C: 87	C: 2	C: 39	C: 40
M: 83	M: 9	M: 42	M: 100
Y: 83	Y: 44	Y: 55	Y: 52
K: 71	K: 0	K: 0	K: 1

这是一款美式酒吧设计。整个设计多采用未加工的原材料，粗糙的混凝土材质地板、简单铺装的墙面以及家具等，这些装饰尽显美式风格的粗犷与大方。

CMYK: 42,34,29,0　CMYK: 51,100,45,23
CMYK: 7,25,68,0　CMYK: 38,49,63,0

色彩点评

- 酒吧以灰色为主，无彩色的运用刚好与整体格调和氛围相一致。
- 黄色边框以及深红色沙发的点缀，丰富了空间的色彩感，同时也为酒吧增添了些许的柔和气息。

极具工业风格的落地灯，既满足了就餐者的照明需求，又具有很强的装饰效果。

推荐色彩搭配

C: 73	C: 26	C: 55	C: 31
M: 65	M: 21	M: 100	M: 47
Y: 58	Y: 22	Y: 72	Y: 55
K: 14	K: 0	K: 31	K: 0

C: 69	C: 44	C: 29	C: 53
M: 87	M: 58	M: 25	M: 100
Y: 100	Y: 78	Y: 22	Y: 69
K: 64	K: 1	K: 0	K: 23

C: 47	C: 40	C: 90	C: 49
M: 100	M: 54	M: 89	M: 22
Y: 22	Y: 91	Y: 89	Y: 73
K: 22	K: 0	K: 79	K: 0

5.5 法式设计风格

色彩调性：优雅、精致、自然、简约、温馨、浪漫、柔和、舒适、贵气。

常用主题色：

CMYK:77,50,40,0　　CMYK:28,30,33,0　　CMYK:10,22,44,0　　CMYK:36,38,61,0　　CMYK:29,57,20,0　　CMYK:34,27,25,0

常用色彩搭配

CMYK: 15,23,58,0
CMYK: 71,52,45,1

CMYK: 64,42,58,0
CMYK: 16,12,12,0

CMYK: 52,100,61,12
CMYK: 93,88,89,80

CMYK: 56,74,100,30
CMYK: 24,37,58,0

黄色搭配青灰色，在颜色的鲜明对比中，既有一定的活跃感，又不乏稳定性。

明度偏低的绿色具有复古、优雅的色彩特征，搭配浅灰色具有一定的提亮效果。

深红色是一种极具优雅气质的色彩，搭配无彩色的黑色，让这种氛围更加浓厚。

明度适中的橙色给人知性、优雅的印象，在不同明度的搭配中具有统一和谐感。

配色速查

优雅	精致	自然	简约

CMYK: 71,44,33,0
CMYK: 6,8,15,0
CMYK: 86,56,84,24
CMYK: 46,48,91,1

CMYK: 43,76,77,5
CMYK: 50,9,39,0
CMYK: 93,91,74,67
CMYK: 69,44,10,0

CMYK: 44,43,55,0
CMYK: 32,28,32,0
CMYK: 58,36,32,0
CMYK: 68,68,79,33

CMYK: 56,26,31,0
CMYK: 21,16,15,0
CMYK: 59,54,62,3
CMYK: 8,20,44,0

这是一款甜品店设计。整个室内设计和视觉效果以泡芙为灵感，刚好与店铺经营性质相吻合。而且空间中可穿越的拱形门廊，使其尽显法式的浪漫与柔情。

色彩点评

■ 空间以粉色为主色调，以适中的明度和纯度给人甜腻、温馨的视觉印象。

■ 极具现代感的浅色桌椅与木质地板，让整个空间尽显干净与整洁。

CMYK: 37,65,53,0　CMYK: 16,16,11,0
CMYK: 32,44,48,0

推荐色彩搭配

C: 40	C: 33	C: 49	C: 56	C: 34	C: 91	C: 15	C: 78	C: 16	C: 15	C: 17	C: 54
M: 69	M: 45	M: 74	M: 43	M: 53	M: 84	M: 64	M: 38	M: 25	M: 69	M: 27	M: 53
Y: 61	Y: 47	Y: 80	Y: 77	Y: 100	Y: 49	Y: 47	Y: 44	Y: 25	Y: 53	Y: 42	Y: 34
K: 0	K: 0	K: 13	K: 0	K: 0	K: 16	K: 0	K: 0	K: 0	K: 0	K: 0	K: 0

这是一款室内门廊设计。整个门框以拱形进行呈现，而且精细的做工与雕刻，尽显法式的优雅与从容。

CMYK: 20,17,13,0　CMYK: 67,51,32,0
CMYK: 40,79,100,5　CMYK: 38,49,60,0

色彩点评

■ 白色和青色拼接的墙体，既提高了空间的亮度，又极具视觉美感。

■ 原木色的运用，在与青色的对比中营造了温馨、柔和的氛围。

不同颜色拼接而成的地毯，打破了地面的枯燥感，同时凸显出居住者的品位与格调。

推荐色彩搭配

C: 60	C: 58	C: 11	C: 13	C: 45	C: 7	C: 59	C: 60	C: 93	C: 62	C: 55	C: 18
M: 23	M: 80	M: 49	M: 11	M: 43	M: 14	M: 33	M: 77	M: 89	M: 13	M: 53	M: 35
Y: 22	Y: 100	Y: 78	Y: 10	Y: 51	Y: 53	Y: 39	Y: 100	Y: 87	Y: 24	Y: 59	Y: 42
K: 0	K: 40	K: 0	K: 0	K: 0	K: 0	K: 0	K: 41	K: 79	K: 0	K: 1	K: 0

这是一款法式风格的卧室设计。将一个几何图案的地毯作为卧室装饰，既保证了空间的安静，又极具装饰效果。而且，精致的大理石壁炉，能给人高雅、奢华的视觉印象。

色彩点评

- 空间以青色和绿色为主色调，在邻近色的对比中营造了通透、优雅的视觉氛围。
- 少量橙色以及淡粉色的点缀，为卧室增添了些许的柔和与温馨，让整个空间尽显时尚。

CMYK: 84,49,56,2　　CMYK: 47,31,27,0
CMYK: 83,51,98,16

推荐色彩搭配

C: 51	C: 32	C: 67	C: 92
M: 58	M: 18	M: 22	M: 89
Y: 100	Y: 12	Y: 40	Y: 89
K: 6	K: 0	K: 0	K: 80

C: 45	C: 21	C: 69	C: 62
M: 34	M: 45	M: 77	M: 25
Y: 34	Y: 58	Y: 84	Y: 36
K: 0	K: 0	K: 82	K: 0

C: 35	C: 85	C: 11	C: 7
M: 58	M: 39	M: 10	M: 42
Y: 78	Y: 54	Y: 47	Y: 9
K: 0	K: 0	K: 0	K: 0

这是一款法式风格的厨房设计。厨房中简易的壁橱、餐桌以及其他装饰物件，营造了简约、优雅的视觉氛围。特别是独具地域风格的壁画，让这种氛围更加浓厚。

色彩点评

- 空间以浅色为主色调，在不同明度和纯度的变化中，增强了整体的视觉层次感。
- 少量绿植以及鲜花的点缀，为厨房带去了活力与生机。

CMYK: 44,40,44,0　　CMYK: 74,67,69,28
CMYK: 20,21,44,0

层次分明的圆形吊灯，精致的外观与整体格调十分吻合，同时也让空间具有很强的层次立体感。

推荐色彩搭配

C: 3	C: 51	C: 27	C: 89
M: 4	M: 37	M: 23	M: 80
Y: 23	Y: 42	Y: 25	Y: 90
K: 0	K: 0	K: 0	K: 78

C: 38	C: 70	C: 22	C: 87
M: 27	M: 82	M: 23	M: 55
Y: 27	Y: 96	Y: 40	Y: 25
K: 0	K: 62	K: 0	K: 0

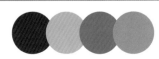

C: 80	C: 87	C: 29	C: 26
M: 75	M: 34	M: 26	M: 43
Y: 76	Y: 67	Y: 20	Y: 76
K: 51	K: 0	K: 0	K: 0

5.6 新古典设计风格

色彩调性： 雅致、古典、自然、素雅、高贵、奢华、稳重、成熟。

常用主题色：

CMYK:56,55,91,7　　CMYK:28,67,66,0　　CMYK:25,32,44,0　　CMYK:83,72,36,1　　CMYK:39,31,33,0　　CMYK:90,54,77,19

常用色彩搭配

CMYK：90,54,77,19
CMYK：32,24,27,0

纯度偏低的绿色具有高雅的色彩特征，搭配灰色极具视觉格调。

CMYK：57,30,29,0
CMYK：36,45,75,0

青灰色搭配棕色，在颜色的冷暖对比中营造了通透、自然的氛围。

CMYK：38,70,64,1
CMYK：80,71,66,34

明度偏低的红色虽然少了些艳丽，但与黑色相搭配独具稳重之感。

CMYK：19,56,76,0
CMYK：86,66,34,0

橙色搭配深蓝色，在鲜明的对比中让空间具有富丽堂皇之感，同时又不乏精致。

配色速查

雅致

CMYK：72,77,81,54
CMYK：78,24,34,0
CMYK：31,17,24,0
CMYK：36,58,100,0

古典

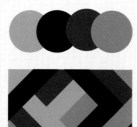

CMYK：24,39,57,0
CMYK：89,85,89,77
CMYK：43,99,95,11
CMYK：44,48,95,11

自然

CMYK：79,76,83,60
CMYK：25,31,77,0
CMYK：51,35,69,0
CMYK：72,64,66,20

素雅

CMYK：24,25,28,0
CMYK：59,59,59,4
CMYK：37,39,45,0
CMYK：20,29,63,0

这是一款住宅楼公寓客厅设计。客厅采用新古典设计风格，将一个现代的低背沙发作为客厅主体对象，同时雕刻精美的花纹天花板的运用，让整个空间在古典中又透露出现代的简约与时尚。

色彩点评

- ☑ 青灰色的沙发与金色的天花板共同营造了精致、奢华的视觉氛围。
- ☑ 白色的墙壁，提高了整个空间的亮度，同时也将古典与现代进行完美的融合。

CMYK: 25,30,45,0　　CMYK: 65,40,30,0
CMYK: 78,73,68,38

推荐色彩搭配

C: 53	C: 31	C: 70	C: 12	C: 91	C: 32	C: 93	C: 18	C: 100	C: 49	C: 10	C: 70
M: 53	M: 22	M: 52	M: 15	M: 49	M: 27	M: 88	M: 27	M: 94	M: 46	M: 66	M: 62
Y: 76	Y: 11	Y: 33	Y: 27	Y: 75	Y: 29	Y: 89	Y: 53	Y: 57	Y: 80	Y: 90	Y: 60
K: 3	K: 0	K: 0	K: 0	K: 9	K: 0	K: 80	K: 0	K: 15	K: 0	K: 0	K: 11

这是一款酒店的中庭公共休息区设计。该空间以典型的古典建筑为主，若干拱形门廊的运用，让休息区具有很强的通透感与连贯性。

CMYK: 13,13,15,0　　CMYK: 49,70,79,9
CMYK: 76,62,83,33

色彩点评

- ☑ 整个空间以奶白色为主，营造了一个舒适、放松的休息环境。
- ☑ 少量深色的点缀，增强了整体的视觉稳定性，同时也丰富了空间的色彩感。

休息区中简易的沙发与桌椅，一方面为人们休息与交流提供了便利；另一方面将现代与古典很好地结合起来，极具创意感。

推荐色彩搭配

C: 71	C: 41	C: 12	C: 57	C: 100	C: 26	C: 91	C: 49	C: 22	C: 45	C: 73	C: 93
M: 78	M: 41	M: 16	M: 47	M: 96	M: 41	M: 87	M: 76	M: 31	M: 84	M: 32	M: 88
Y: 100	Y: 51	Y: 42	Y: 45	Y: 53	Y: 64	Y: 90	Y: 100	Y: 41	Y: 100	Y: 23	Y: 89
K: 59	K: 0	K: 0	K: 0	K: 12	K: 0	K: 79	K: 15	K: 0	K: 13	K: 0	K: 80

这是一款公寓的客厅设计。整个空间采用新古典的设计风格，融入了简约却极具代表性的古典装饰元素和现代家具。二者的完美融合，让客厅具有很强的艺术美感。

色彩点评

- 空间以白色和原木色为主，简单的色彩给人优雅的视觉感受。
- 橄榄绿的窗帘，既具有很好的隐私保护效果，又丰富了空间的色彩感。

CMYK: 13,12,16,0   CMYK: 49,73,100,13
CMYK: 45,46,100,0

推荐色彩搭配

C: 32	C: 15	C: 59	C: 65
M: 77	M: 23	M: 68	M: 45
Y: 91	Y: 37	Y: 100	Y: 7
K: 0	K: 0	K: 25	K: 0

C: 56	C: 11	C: 55	C: 51
M: 77	M: 29	M: 53	M: 27
Y: 100	Y: 53	Y: 67	Y: 10
K: 31	K: 0	K: 3	K: 0

C: 89	C: 60	C: 15	C: 36
M: 84	M: 34	M: 10	M: 88
Y: 91	Y: 36	Y: 13	Y: 66
K: 77	K: 0	K: 0	K: 1

这是一款酒店的客房设计。客房在保留原有的新古典主义风格的基础上，运用极具现代感的家具，使其兼顾了丰富、优雅的品质以及美观的细节效果。

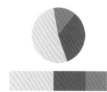

色彩点评

- 界面以浅灰色为主，凸显出客房类型以及风格，给人舒缓、柔和的感受。
- 少量紫色、橙色的点缀，打破了纯色背景的枯燥感。

CMYK: 14,14,18,0   CMYK: 74,50,34,0
CMYK: 19,53,82,0

精雕细琢的天花板，让其极具视觉立体感，同时为空间增添了古典、奢华的韵味，为居住者带去美的享受。

推荐色彩搭配

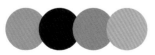

C: 42	C: 95	C: 23	C: 42
M: 30	M: 85	M: 47	M: 16
Y: 26	Y: 63	Y: 72	Y: 40
K: 0	K: 42	K: 0	K: 0

C: 65	C: 74	C: 41	C: 27
M: 60	M: 4	M: 51	M: 38
Y: 54	Y: 22	Y: 99	Y: 36
K: 4	K: 0	K: 0	K: 0

C: 22	C: 58	C: 95	C: 17
M: 37	M: 46	M: 87	M: 8
Y: 54	Y: 47	Y: 38	Y: 67
K: 0	K: 0	K: 3	K: 0

5.7　东南亚设计风格

色彩调性： 自然、热情、朴实、通透、素雅、古朴、闲适、舒畅。

常用主题色：

CMYK:34,25,33,0　CMYK:13,33,55,0　CMYK:46,73,100,10　CMYK:62,51,91,6　CMYK:53,33,0,0　CMYK:71,22,37,0

常用色彩搭配

CMYK: 82,64,7,0 CMYK: 27,43,78,0	CMYK: 58,55,53,1 CMYK: 21,11,28,0	CMYK: 88,50,61,5 CMYK: 36,3,23,0	CMYK: 47,62,91,5 CMYK: 73,43,21,0
蓝色搭配橙色，在鲜明的颜色对比中给人热情、活跃的视觉感受。	灰色具有压抑、稳重的色彩特征，搭配浅绿色可以起到很好的中和作用。	绿色是一种健康自然的色彩，不同明、纯度的绿色相搭配，可以给人统一的印象。	棕色由于明度偏低，多给人古朴的感受，搭配青色则增添了些许的通透感。

配色速查

自然	热情	通透	古朴

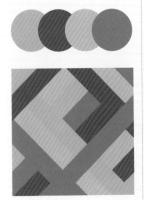   

| CMYK: 26,30,32,0
CMYK: 62,62,68,12
CMYK: 14,29,66,0
CMYK: 69,43,62,1 | CMYK: 8,24,31,0
CMYK: 92,93,40,0
CMYK: 44,55,98,1
CMYK: 0,64,40,0 | CMYK: 26,44,67,0
CMYK: 52,54,72,2
CMYK: 44,37,91,0
CMYK: 73,56,94,20 | CMYK: 18,13,13,0
CMYK: 18,24,26,0
CMYK: 77,71,70,38
CMYK: 53,60,71,6 |

这是巴厘岛度假酒店的客房设计。房间充斥着来自印度尼西亚的收藏品、印染着当地传统图案的毛毯等元素，而且巨大的推拉式门窗，将风景尽收眼底。

色彩点评

▣ 客房以木材本色为主，营造了舒适、温馨的居住环境，而且也具有很好的透气效果。

▣ 少量深色的点缀，增强了整体的视觉稳定性，给人稳重、优雅的感受。

CMYK: 16,20,31,0   CMYK: 73,79,87,59
CMYK: 13,62,67,0

推荐色彩搭配

C: 86 C: 22 C: 38 C: 44　C: 81 C: 1 C: 96 C: 27　C: 36 C: 73 C: 28 C: 57
M: 89 M: 28 M: 60 M: 13　M: 64 M: 31 M: 100 M: 19　M: 88 M: 80 M: 26 M: 40
Y: 89 Y: 37 Y: 69 Y: 51　Y: 100 Y: 36 Y: 40 Y: 22　Y: 100 Y: 95 Y: 38 Y: 100
K: 78 K: 0 K: 0 K: 0　K: 46 K: 0 K: 2 K: 0　K: 3 K: 63 K: 0 K: 0

这是东南亚风格的室内装修设计。整个空间以木质家具为主，给人透气、凉爽之感，特别是独具地域风情的花纹地毯，营造了浓浓的复古、优雅情调。

色彩点评

▣ 原木色的运用，为空间增添了柔和、温馨之感。

▣ 少量青色、红色等色彩的运用，在鲜明的颜色对比中给人活跃、热情的感受，同时也让空间的色彩感更加丰富。

CMYK: 30,47,58,0 CMYK: 19,35,71,0
CMYK: 82,49,51,1 CMYK: 22,88,56,0

阳台与客厅以一个竹帘作为间隔，不仅可以让室内具有良好的通风性，同时又增强了空间的视觉延展性。

推荐色彩搭配

C: 99 C: 0 C: 43 C: 40　C: 20 C: 83 C: 13 C: 3　C: 41 C: 31 C: 78 C: 90
M: 71 M: 68 M: 64 M: 13　M: 32 M: 81 M: 77 M: 38　M: 43 M: 27 M: 25 M: 87
Y: 70 Y: 62 Y: 86 Y: 54　Y: 72 Y: 60 Y: 15 Y: 49　Y: 44 Y: 62 Y: 56 Y: 89
K: 42 K: 0 K: 3 K: 0　K: 0 K: 33 K: 0 K: 0　K: 0 K: 0 K: 0 K: 77

这是一款酒店设计。酒店以天然木材构成开放而通透的房间，户外的露台以及露天浴池为居住者提供了良好的休息与放松环境。

色彩点评

■ 酒店以草木本色为主，尽显当地的地域风情与人文风貌。

■ 环绕在四周的绿植，营造了一个天然、自在的视觉氛围，将来访者所有的烦恼与压力全都抛诸脑后。

CMYK: 11,46,55,0　　CMYK: 55,62,67,7
CMYK: 49,39,71,0

推荐色彩搭配

C: 32	C: 32	C: 79	C: 81
M: 44	M: 25	M: 40	M: 76
Y: 51	Y: 22	Y: 100	Y: 74
K: 0	K: 0	K: 2	K: 52

C: 58	C: 53	C: 80	C: 10
M: 69	M: 27	M: 87	M: 18
Y: 67	Y: 63	Y: 93	Y: 62
K: 14	K: 0	K: 74	K: 0

C: 27	C: 54	C: 46	C: 22
M: 30	M: 51	M: 93	M: 17
Y: 44	Y: 6	Y: 100	Y: 18
K: 0	K: 0	K: 17	K: 0

这是一款餐厅设计。整个餐厅设计充分尊重了东南亚和越南风情，营造了一个明亮、宽敞的就餐环境。

色彩点评

■ 木材本色、白色、灰色等主题色彩，让餐厅尽显整洁与大方，同时又不失温馨与时尚。

■ 绿色植物的添加，为空间增添了些许的生机与活力。

CMYK: 21,49,65,0　CMYK: 78,79,76,56
CMYK: 28,92,98,0　CMYK: 31,40,100,0

黑色金属隔栏的摆放，一方面具有很好的间隔作用；另一方面增强了整个空间的视觉稳定性。

推荐色彩搭配

C: 20	C: 27	C: 39	C: 76
M: 60	M: 18	M: 33	M: 78
Y: 80	Y: 19	Y: 86	Y: 80
K: 0	K: 0	K: 0	K: 56

C: 4	C: 80	C: 53	C: 93
M: 10	M: 31	M: 76	M: 88
Y: 15	Y: 71	Y: 90	Y: 89
K: 0	K: 0	K: 24	K: 80

C: 41	C: 93	C: 14	C: 38
M: 18	M: 89	M: 87	M: 33
Y: 11	Y: 87	Y: 100	Y: 100
K: 0	K: 79	K: 0	K: 0

5.8　地中海设计风格

色彩调性： 活跃、通透、简约、凉爽、热情、开朗、积极、鲜明、个性。

常用主题色：

CMYK:19,51,81,0　　CMYK:75,34,33,0　　CMYK:12,9,58,0　　CMYK:24,37,58,0　　CMYK:87,65,0,0　　CMYK:83,39,68,1

常用色彩搭配

CMYK: 8,70,74,0　　　CMYK: 25,23,95,0　　　CMYK: 15,52,32,0　　　CMYK: 68,44,100,3
CMYK: 87,49,45,0　　　CMYK: 26,20,20,0　　　CMYK: 80,59,0,0　　　CMYK: 4,39,51,0

橙色搭配青色，在颜色的鲜明对比中给人积极、醒目的视觉印象。　　黄绿色是一种极具色彩活跃度的颜色，搭配无彩色的灰色具有中和效果。　　明度适中的红色具有柔和的特征，搭配纯度偏高的蓝色极具视觉冲击力。　　绿色多给人自然、充满生机的视觉感受，搭配纯度适中的橙色，具有一定的通透感。

配色速查

活跃	通透	简约	凉爽
	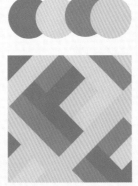	 	 
CMYK: 17,68,66,0	CMYK: 69,38,64,0	CMYK: 14,16,47,0	CMYK: 60,0,33,0
CMYK: 8,28,61,0	CMYK: 20,15,14,0	CMYK: 43,35,33,0	CMYK: 75,22,25,0
CMYK: 75,16,27,0	CMYK: 72,30,19,0	CMYK: 24,37,58,0	CMYK: 27,24,24,0
CMYK: 92,66,30,0	CMYK: 21,15,73,0	CMYK: 63,40,0,0	CMYK: 80,66,28,0

这是一款酒吧户外就餐区的设计。用竹子作为酒吧墙面和露台柱子的饰面装饰，极具地中海的风格特色。而且不同类型的餐桌、餐椅，为就餐者提供了便利。

色彩点评

☑ 空间以芥末黄和蓝紫色为主，在颜色的鲜明对比中营造了活跃的氛围。

☑ 绿植的点缀，为空间增添了生机与活力，同时尽显夏日的凉爽与激情。

CMYK: 25,20,22,0　　CMYK: 67,72,0,0
CMYK: 13,56,79,0　　CMYK: 80,53,100,19

推荐色彩搭配

C: 50	C: 9	C: 71	C: 15
M: 78	M: 15	M: 78	M: 11
Y: 100	Y: 56	Y: 0	Y: 15
K: 20	K: 0	K: 0	K: 0

C: 64	C: 86	C: 2	C: 75
M: 26	M: 49	M: 9	M: 58
Y: 4	Y: 99	Y: 42	Y: 63
K: 0	K: 13	K: 0	K: 11

C: 82	C: 24	C: 100	C: 11
M: 35	M: 16	M: 87	M: 49
Y: 27	Y: 15	Y: 55	Y: 85
K: 0	K: 0	K: 19	K: 0

这是一款地中海风情的餐厅设计。餐厅装饰利用符合当地风情的拉菲亚树、地板砖，以及其他各种元素，共同打造一个宽敞、明亮的就餐环境。

色彩点评

☑ 餐厅以明度偏高的青色为主，给人醒目、活跃的视觉感受。

☑ 绿植的运用，可以很好地缓解就餐者的压力与烦闷，同时也为空间增添了生机。

CMYK: 27,45,67,0　　CMYK: 41,17,20,0
CMYK: 81,30,47,0

整齐排列的木质桌椅，在几何感地板图案的共同作用下，营造了家的温馨与柔和。

推荐色彩搭配

C: 31	C: 67	C: 42	C: 36
M: 56	M: 33	M: 0	M: 69
Y: 81	Y: 100	Y: 20	Y: 51
K: 0	K: 0	K: 0	K: 6

C: 62	C: 35	C: 78	C: 12
M: 40	M: 25	M: 10	M: 0
Y: 43	Y: 27	Y: 41	Y: 55
K: 0	K: 0	K: 0	K: 0

C: 68	C: 0	C: 66	C: 29
M: 34	M: 64	M: 56	M: 23
Y: 58	Y: 42	Y: 58	Y: 23
K: 0	K: 0	K: 5	K: 0

这是一款公园酒店的休息室设计。房间采用地中海的设计风格，布料材质的沙发为客人营造了舒适、慢节奏的理想生活。而且大面积绿植的运用，可以很好地缓解客人的疲劳与压力。

色彩点评

▣ 休息区以浅色为主，而且少量青色的点缀，给人古典、优雅的印象。

▣ 绿色的运用，丰富了整个空间的色彩感，为空间增添了生机与活力。

CMYK: 21,19,29,0　　CMYK: 55,35,73,0
CMYK: 63,42,27,0

推荐色彩搭配

C: 67	C: 10	C: 94	C: 58
M: 75	M: 11	M: 73	M: 41
Y: 96	Y: 18	Y: 27	Y: 86
K: 49	K: 0	K: 0	K: 0

C: 89	C: 38	C: 0	C: 95
M: 49	M: 34	M: 29	M: 88
Y: 18	Y: 37	Y: 62	Y: 85
K: 0	K: 0	K: 0	K: 77

C: 31	C: 27	C: 80	C: 13
M: 36	M: 53	M: 53	M: 49
Y: 36	Y: 27	Y: 22	Y: 82
K: 0	K: 0	K: 0	K: 0

这是一款餐厅设计。室内的墙体、地面以及天花板都采用橡木地板，而且大量运用茅草编制的灯具、卷帘等，使其尽显地中海风格的优雅与韵味。

色彩点评

▣ 原木色的运用，营造了温馨、柔和的就餐环境。而白色的墙体，则让这种氛围更加浓厚。

▣ 少量明度偏高的青绿色的点缀，丰富了餐厅的色彩感。

CMYK: 23,37,39,0　　CMYK: 58,55,51,0
CMYK: 18,21,34,0　　CMYK: 91,47,69,5

极具地域风格的靠背垫，在不同颜色的鲜明对比中为餐厅增添了时尚与丰富的色彩感。

推荐色彩搭配

C: 43	C: 77	C: 13	C: 67
M: 80	M: 26	M: 7	M: 60
Y: 96	Y: 53	Y: 43	Y: 58
K: 7	K: 0	K: 0	K: 7

C: 89	C: 11	C: 89	C: 40
M: 87	M: 40	M: 45	M: 31
Y: 89	Y: 44	Y: 44	Y: 31
K: 79	K: 0	K: 0	K: 0

C: 77	C: 38	C: 50	C: 16
M: 33	M: 29	M: 66	M: 54
Y: 53	Y: 24	Y: 100	Y: 25
K: 0	K: 0	K: 11	K: 0

5.9　混搭设计风格

色彩调性： 热情、素雅、冷静、古典、差异、个性、时尚、冲击。

常用主题色：

CMYK:22,99,100,0　　CMYK:0,63,89,0　　CMYK:56,29,0,0　　CMYK:50,23,57,0　　CMYK:70,10,55,0　　CMYK:57,68,69,14

常用色彩搭配

CMYK: 18,9,52,0　　　　CMYK: 6,30,89,0　　　　CMYK: 87,64,0,0　　　　CMYK: 19,15,13,0
CMYK: 61,45,89,2　　　　CMYK: 48,83,100,17　　　CMYK: 26,100,100,0　　　CMYK: 79,40,36,0

绿色是极具有生机与活力的色彩，在同类色的搭配中给人统一、和谐的印象。　明度和纯度适中的黄色搭配棕色，在颜色一深一浅中具有视觉层次感。　明度偏高的蓝色搭配红色，在颜色的鲜明对比中极具视觉冲击力。　无彩色的灰色具有雅致、平淡的色彩特征，搭配青色增添了些许的文艺气息。

配色速查

热情	素雅	冷静	古典

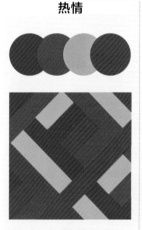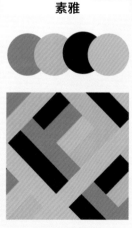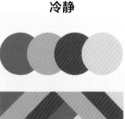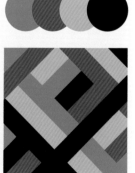

CMYK: 81,88,31,1　　CMYK: 44,52,59,0　　CMYK: 76,45,100,6　　CMYK: 73,39,23,0
CMYK: 11,97,74,0　　CMYK: 14,32,71,0　　CMYK: 51,15,34,0　　CMYK: 44,83,48,1
CMYK: 0,47,57,0　　　CMYK: 91,84,72,60　　CMYK: 60,66,84,22　　CMYK: 21,30,39,0
CMYK: 72,71,58,17　　CMYK: 31,21,19,0　　CMYK: 4,19,71,0　　CMYK: 85,83,83,71

这是一款酒店设计。室内新古典主义的拱门和拱形天花板，与裸露的砖墙、金属装饰等工业风格的设计交相辉映，营造出一种古典与现代相结合的混搭视觉效果。

色彩点评

■ 酒店整体色调偏暗，给人神秘、稳重的感受。其具有的些许压抑感，可以通过适当的照明得到缓解。

■ 少量橙色的点缀，为暗沉的空间增添了一抹亮丽的色彩。

CMYK: 87,83,93,76　　CMYK: 34,38,62,0
CMYK: 37,84,100,4

推荐色彩搭配

C: 83	C: 13	C: 42	C: 29
M: 65	M: 25	M: 91	M: 36
Y: 74	Y: 30	Y: 100	Y: 57
K: 36	K: 0	K: 11	K: 0

C: 94	C: 33	C: 79	C: 39
M: 89	M: 24	M: 33	M: 100
Y: 85	Y: 29	Y: 56	Y: 100
K: 78	K: 0	K: 0	K: 6

C: 49	C: 84	C: 52	C: 31
M: 20	M: 27	M: 68	M: 24
Y: 58	Y: 74	Y: 97	Y: 81
K: 0	K: 0	K: 15	K: 0

这是一款混搭餐厅设计。餐厅以中国风为主导，同时又融合秘鲁以及日本的文化要素，为人们打造出一个独具异域风情的聚餐场所。

CMYK: 45,38,41,0　　CMYK: 11,100,100,0
CMYK: 32,53,73,0

色彩点评

■ 餐厅以浅灰色和原木色为主，以适中的明度和纯度给人柔和、放松的视觉感受。

■ 大面积红色的运用，营造了欢快、愉悦的就餐氛围。

在就餐区域除了用竹竿围出的圆形桌子座席区，还有舒适的沙发座和日式榻榻米座席区，满足了不同客人的需求。

推荐色彩搭配

C: 99	C: 34	C: 23	C: 95
M: 91	M: 29	M: 100	M: 90
Y: 11	Y: 29	Y: 100	Y: 84
K: 0	K: 0	K: 0	K: 77

C: 83	C: 30	C: 95	C: 28
M: 42	M: 22	M: 90	M: 61
Y: 62	Y: 27	Y: 84	Y: 45
K: 1	K: 0	K: 76	K: 0

C: 18	C: 78	C: 49	C: 24
M: 100	M: 44	M: 53	M: 24
Y: 79	Y: 39	Y: 55	Y: 26
K: 0	K: 0	K: 0	K: 0

这是一款餐厅设计。整个餐厅融合了欧式的魅力与墨尔本休闲场所的鲜明特色，营造了一个休闲舒适同时又极具风格特征的就餐环境。

色彩点评

■ 吧台的高脚凳和天花板的深酒红色，既可以刺激顾客的食欲，又提升了空间格调。

■ 少量绿植的点缀，为空间增添了生机与活力，缓和了金属与大理石的坚硬感与质朴。

CMYK: 44,33,32,0　　CMYK: 47,53,62,0
CMYK: 52,59,80,25

推荐色彩搭配

C: 75	C: 35	C: 42	C: 20
M: 70	M: 41	M: 95	M: 36
Y: 66	Y: 51	Y: 89	Y: 79
K: 29	K: 0	K: 8	K: 0

C: 49	C: 23	C: 71	C: 85
M: 81	M: 22	M: 58	M: 80
Y: 100	Y: 20	Y: 55	Y: 70
K: 21	K: 0	K: 5	K: 52

C: 18	C: 45	C: 9	C: 86
M: 14	M: 76	M: 39	M: 61
Y: 13	Y: 87	Y: 100	Y: 79
K: 0	K: 9	K: 0	K: 32

这是一款酒吧设计。室内古典的立面开窗配合现代装饰，将二者完美地融合在一起。而且定制的超长沙发，增强了空间的视觉延续性。

色彩点评

■ 棕色的天花板与墙体，凸显出建筑的古老与优雅。

■ 红色的沙发与地毯，在不同纯度的变化中尽显酒吧的活力与激情。而且黄色灯带的点缀，让这种氛围更加浓厚。

CMYK: 58,87,100,47　CMYK: 33,91,100,2
CMYK: 11,8,94,0

在沙发周围可移动的小型餐桌，既可以为客人提供一个摆放物品的载体，又保证了基本的照明需求。

推荐色彩搭配

C: 51	C: 0	C: 48	C: 7
M: 77	M: 21	M: 100	M: 2
Y: 91	Y: 27	Y: 100	Y: 76
K: 20	K: 0	K: 29	K: 0

C: 16	C: 100	C: 42	C: 38
M: 64	M: 91	M: 28	M: 100
Y: 59	Y: 36	Y: 24	Y: 100
K: 0	K: 1	K: 0	K: 4

C: 31	C: 60	C: 0	C: 82
M: 24	M: 76	M: 91	M: 85
Y: 22	Y: 72	Y: 67	Y: 93
K: 0	K: 26	K: 0	K: 75

5.10 极简设计风格

色彩调性： 简约、醒目、柔和、雅致、古朴、极简、时尚、素净。

常用主题色：

CMYK:34,56,49,0　　CMYK:22,16,15,0　　CMYK:32,51,62,0　　CMYK:57,16,30,0　　CMYK:14,9,60,0　　CMYK:63,24,76,0

常用色彩搭配

CMYK: 38,32,32,0
CMYK: 15,45,36,0

无彩色的灰色具有些许的素雅与压抑，搭配明度适中的红色，具有中和效果。

CMYK: 16,30,41,0
CMYK: 89,62,6,0

明度偏低的橙色搭配蓝色，在鲜明的颜色对比中给人以一定的视觉冲击力。

CMYK: 15,10,45,0
CMYK: 73,63,83,33

淡黄色具有柔和、恬淡的色彩特征，搭配橄榄绿可以为空间增添些许的复古感。

CMYK: 34,44,3,0
CMYK: 82,44,47,0

淡紫色搭配青色，是一种高雅、简约的色彩组合方式，在对比中十分引人注目。

配色速查

简约

CMYK: 49,29,38,0
CMYK: 21,31,49,0
CMYK: 53,42,42,0
CMYK: 65,66,73,22

醒目

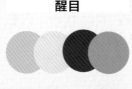

CMYK: 5,25,89,0
CMYK: 13,10,11,0
CMYK: 76,67,55,13
CMYK: 35,30,29,0

柔和

CMYK: 10,23,21,0
CMYK: 38,21,19,0
CMYK: 33,15,33,0
CMYK: 16,12,12,0

雅致

CMYK: 0,60,43,0
CMYK: 52,87,100,29
CMYK: 27,38,42,0
CMYK: 54,27,32,0

这是一款服装旗舰店设计。整个空间运用极简主义设计风格，以简单的物件来衬托产品的精致奢华。而且大型玻璃水墙的运用，在光照下呈现涟漪的视觉效果。

色彩点评

■ 空间以浅色为主，以适中的明度和纯度营造了一个通透、宽阔的视觉氛围。

■ 深色的服饰增强了整体的视觉稳定性，少量金属元素的点缀，提升了空间的质感与格调。

CMYK: 13,9,2,0
CMYK: 16,68,0,0

CMYK: 84,70,0,0

推荐色彩搭配

C: 25	C: 49	C: 39	C: 67
M: 15	M: 28	M: 30	M: 71
Y: 15	Y: 38	Y: 60	Y: 87
K: 0	K: 0	K: 0	K: 40

C: 28	C: 68	C: 82	C: 15
M: 31	M: 35	M: 78	M: 26
Y: 41	Y: 27	Y: 67	Y: 93
K: 0	K: 0	K: 41	K: 0

C: 12	C: 42	C: 11	C: 70
M: 27	M: 24	M: 60	M: 65
Y: 36	Y: 22	Y: 34	Y: 64
K: 0	K: 0	K: 0	K: 18

这是一款餐厅的厨房设计。厨房是一个开放式的空间，操作台上方是巨大的悬吊式屋顶，让其具有很强的层次立体感。

色彩点评

■ 餐厅以深灰色为主色调，凸显出稳重、成熟的经营理念。

■ 原木色的运用，营造了一个柔和、温馨的就餐环境，可以拉近与客人的距离。

CMYK: 84,76,56,22 CMYK: 34,33,39,0
CMYK: 15,10,11,0

通过厨房可以看到就餐区域，这样不仅增强了视线的延展性，而且也可以让就餐者看到制作过程，获得其信赖。

推荐色彩搭配

C: 43	C: 21	C: 78	C: 60
M: 47	M: 13	M: 60	M: 58
Y: 47	Y: 14	Y: 33	Y: 82
K: 0	K: 0	K: 0	K: 11

C: 82	C: 93	C: 27	C: 43
M: 83	M: 60	M: 20	M: 56
Y: 70	Y: 0	Y: 17	Y: 69
K: 52	K: 0	K: 0	K: 0

C: 16	C: 26	C: 22	C: 65
M: 68	M: 17	M: 35	M: 47
Y: 91	Y: 16	Y: 36	Y: 41
K: 0	K: 0	K: 0	K: 0

这是一款住宅客厅设计。客厅以极简设计风格为主，在中间部位的大理石壁炉和布艺沙发营造了一个简约、舒适的交谈、休息空间。而且同色系的花纹地毯，提升了客厅的品质与格调。

色彩点评

▨ 空间以明度适中的灰色为主，在不同纯度的变化中给人雅致、素净的视觉感受。

▨ 少量亮色的点缀，增强了空间的通透感与亮度。

CMYK: 50,44,41,0   CMYK: 76,71,71,38
CMYK: 19,15,16,0

推荐色彩搭配

C: 60	C: 24	C: 91	C: 21	C: 82	C: 15	C: 63	C: 27	C: 0	C: 53	C: 19	C: 16
M: 56	M: 21	M: 89	M: 33	M: 51	M: 19	M: 55	M: 14	M: 27	M: 43	M: 20	M: 93
Y: 58	Y: 22	Y: 87	Y: 51	Y: 33	Y: 28	Y: 55	Y: 22	Y: 47	Y: 38	Y: 21	Y: 91
K: 3	K: 0	K: 79	K: 0	K: 0	K: 0	K: 2	K: 0	K: 0	K: 0	K: 0	K: 0

这是一款餐厅设计。整个空间保留了建筑的纹理和材质，运用简易的现代桌椅与元素进行装饰，使其在当代极简主义与古典禁欲主义的碰撞中共存。

色彩点评

▨ 餐厅以建筑本色为主，自然的纹理给人原始、返璞归真的视觉感受。

▨ 青色靠背椅子的运用，丰富了空间的色彩感，同时也使其更具有人情味。

CMYK: 67,65,70,20 CMYK: 52,45,48,0
CMYK: 39,21,9,0

巨大拱门的设计，加强了各个空间的联系。而且开放自由的内部流动方式，表现了现代极简主义风格的魅力。

推荐色彩搭配

C: 52	C: 44	C: 14	C: 89	C: 51	C: 80	C: 31	C: 38	C: 19	C: 51	C: 84	C: 49
M: 30	M: 49	M: 39	M: 84	M: 48	M: 62	M: 25	M: 75	M: 31	M: 39	M: 90	M: 22
Y: 19	Y: 57	Y: 33	Y: 91	Y: 45	Y: 37	Y: 23	Y: 61	Y: 52	Y: 77	Y: 90	Y: 5
K: 0	K: 0	K: 0	K: 77	K: 0	K: 0	K: 0	K: 0	K: 0	K: 0	K: 77	K: 0

5.11 工业设计风格

色彩调性： 品质、古典、干练、内敛、工业、坚硬、个性、理性。

常用主题色：

CMYK:29,23,22,0　　CMYK:85,85,76,67　　CMYK:48,56,70,2　　CMYK:55,27,29,0　　CMYK:15,54,78,0　　CMYK:76,59,33,0

常用色彩搭配

CMYK: 90,73,28,0
CMYK: 33,24,25,0

CMYK: 46,62,30,0
CMYK: 37,45,52,0

CMYK: 89,85,83,74
CMYK: 46,26,57,0

CMYK: 44,95,78,9
CMYK: 76,70,67,31

蓝色是一种非常理性的色彩，搭配无彩色的灰色，可以让这种氛围更加浓厚。

明度偏低的红色搭配棕色，虽然缺少了颜色的艳丽，但可以给人稳重感。

黑色由于纯度偏低多给人压抑的感受，搭配绿色则具有很好的中和效果。

深红色搭配深灰色，以偏低的明度给人优雅、大方的感受，深受人们喜爱。

配色速查

品质	古典	干练	内敛

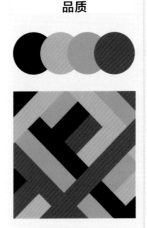   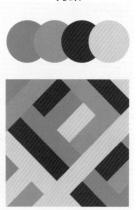

CMYK: 85,82,77,65
CMYK: 29,25,22,0
CMYK: 22,38,89,0
CMYK: 73,58,100,24

CMYK: 45,77,84,9
CMYK: 43,40,71,0
CMYK: 59,52,49,1
CMYK: 16,12,12,0

CMYK: 12,13,87,0
CMYK: 84,80,79,65
CMYK: 58,0,19,0
CMYK: 27,59,78,0

CMYK: 63,33,41,0
CMYK: 25,45,50,0
CMYK: 81,71,61,25
CMYK: 21,16,18,0

这是一款客厅设计。整个空间使用铁质柱子、砖墙和水泥地板等元素，营造了浓浓的工业化氛围。木质纹理的沙发，为客厅增添了些许的柔和气息。

色彩点评

- ▨ 客厅以无彩色的灰色为主色调，在不同明度和纯度的变化中，增强了空间的层次立体感。
- ▨ 少量纯度偏低的橙色的点缀，丰富了客厅的色彩感，让整个氛围变得活跃了一些。

CMYK: 70,65,64,17　CMYK: 47,38,39,0
CMYK: 48,56,55,0

推荐色彩搭配

C: 69	C: 40	C: 51	C: 53
M: 66	M: 46	M: 79	M: 36
Y: 67	Y: 56	Y: 100	Y: 27
K: 20	K: 0	K: 22	K: 0

C: 67	C: 72	C: 20	C: 39
M: 31	M: 71	M: 17	M: 31
Y: 40	Y: 73	Y: 27	Y: 27
K: 0	K: 37	K: 0	K: 0

C: 18	C: 71	C: 46	C: 93
M: 23	M: 65	M: 38	M: 88
Y: 32	Y: 75	Y: 75	Y: 89
K: 0	K: 28	K: 0	K: 80

这是一款极具工业风格的Loft客厅设计。空间中的金属框架以及水泥墙体与地面，给人粗犷、硬朗的印象，将工业风体现得淋漓尽致。

色彩点评

- ▨ 客厅以灰色为主，无彩色虽然少了一些色彩的艳丽，但可以给人稳重的视觉印象。
- ▨ 少量绿色、红色等色彩的点缀，在鲜明的颜色对比中丰富了客厅的色彩质感。

CMYK: 76,67,56,14　CMYK: 38,38,45,0
CMYK: 78,50,64,5　CMYK: 49,100,100,27

现代简约低背沙发以及木质圆形茶几的摆设，给人放松、舒适的感受。而且原木色的地毯，为客厅增添了些许的柔和与温馨。

推荐色彩搭配

C: 31	C: 83	C: 52	C: 84
M: 33	M: 65	M: 29	M: 85
Y: 40	Y: 56	Y: 43	Y: 92
K: 0	K: 13	K: 0	K: 74

C: 49	C: 17	C: 71	C: 42
M: 98	M: 18	M: 60	M: 54
Y: 100	Y: 19	Y: 58	Y: 61
K: 27	K: 0	K: 8	K: 0

C: 60	C: 51	C: 83	C: 34
M: 26	M: 43	M: 76	M: 79
Y: 32	Y: 38	Y: 63	Y: 49
K: 0	K: 0	K: 35	K: 0

这是一款工业风格的家庭办公室设计。将一个木质书架作为主体对象，而裸露在外的钢管，让整个空间给人理性、豪放的视觉感受。书架中摆放的各种装饰元素，丰富了整体的细节效果。

色彩点评

☑ 办公室以原木色为主，以适中的明度和纯度营造了一个规整、利落的办公环境。

☑ 金属色的点缀，为空间增添了些许的干练，可以很好地提高工作效率。

CMYK: 41,47,64,0　　CMYK: 68,69,75,31
CMYK: 4,6,8,0

推荐色彩搭配

C: 56	C: 25	C: 76	C: 19
M: 52	M: 20	M: 58	M: 56
Y: 49	Y: 18	Y: 69	Y: 56
K: 0	K: 0	K: 17	K: 0

C: 93	C: 42	C: 56	C: 7
M: 89	M: 8	M: 49	M: 16
Y: 88	Y: 40	Y: 80	Y: 16
K: 80	K: 0	K: 2	K: 0

C: 45	C: 36	C: 47	C: 92
M: 61	M: 29	M: 69	M: 87
Y: 84	Y: 26	Y: 38	Y: 89
K: 3	K: 0	K: 0	K: 80

这是一款工业风格的家居装修设计。整个空间中充斥着的金属框架、水泥墙体以及其他一些元素，共同营造了浓浓的工业氛围。

CMYK: 36,32,24,0　　CMYK: 80,85,89,71
CMYK: 36,63,87,0

色彩点评

☑ 空间以无彩色的灰色、黑色等色彩为主，给人干练、简约的印象。

☑ 少量原木色的点缀，中和了金属的坚硬感，为空间增添了些许的柔和气息。

巨大的低背现代沙发，为居住者提供了一个良好的休息与放松空间。而且金属隔板的添加，增强了空间的视觉延展性。

推荐色彩搭配

C: 54	C: 17	C: 47	C: 49
M: 60	M: 17	M: 42	M: 73
Y: 71	Y: 18	Y: 36	Y: 90
K: 6	K: 0	K: 0	K: 13

C: 59	C: 24	C: 71	C: 37
M: 27	M: 19	M: 66	M: 60
Y: 37	Y: 20	Y: 65	Y: 54
K: 0	K: 0	K: 20	K: 0

C: 61	C: 26	C: 100	C: 25
M: 55	M: 40	M: 97	M: 21
Y: 56	Y: 48	Y: 59	Y: 22
K: 2	K: 0	K: 33	K: 0

5.12　复古设计风格

色彩调性： 精致、气质、优雅、古典、复古、鲜明、统一、压抑。

常用主题色：

CMYK:86,50,31,0　　CMYK:34,43,97,0　　CMYK:30,17,18,0　　CMYK:50,91,100,26　　CMYK:79,24,45,0　　CMYK:62,30,55,0

常用色彩搭配

CMYK: 59,39,42,0
CMYK: 36,42,56,0

CMYK: 90,57,64,15
CMYK: 14,40,86,0

CMYK: 67,58,72,14
CMYK: 39,88,95,4

CMYK: 40,32,30,0
CMYK: 80,72,22,0

青灰色搭配棕色，以适中的明度和纯度给人雅致、舒畅的视觉感受。

青绿色搭配明度偏高的橙色，是一种活跃又不失时尚的色彩组合方式。

橄榄绿搭配红色，在颜色一深一浅的对比中具有鲜明、古典的特征。

灰色搭配蓝色，以适中的明度给人高雅、复古的印象，深受人们喜爱。

配色速查

精致	气质	优雅	古典

CMYK: 76,70,67,31 CMYK: 31,29,75,0 CMYK: 36,55,67,0 CMYK: 48,100,100,23	CMYK: 71,59,69,15 CMYK: 20,16,16,0 CMYK: 35,30,33,0 CMYK: 35,55,55,0	CMYK: 81,64,45,3 CMYK: 20,39,22,0 CMYK: 34,63,38,0 CMYK: 21,17,17,0	CMYK: 87,65,60,20 CMYK: 21,16,16,0 CMYK: 45,99,100,14 CMYK: 37,44,56,0

这是一款餐厅吧台设计。餐厅吧台由颜色、形状各异的微水泥块构成，在不规则的变化中营造了浓浓的复古氛围。而且灰色的水泥墙体，为空间增添了些许的工业气息。

色彩点评

■ 吧台中不同颜色的运用，以偏低的明度给人稳重、雅致的感受，极具年代感。

■ 厨房中的置物架，在光照的作用下反射出金属光泽，让空间质感更加强烈。

CMYK: 69,64,75,25　CMYK: 33,44,52,0
CMYK: 64,55,51,1　CMYK: 84,62,42,2

推荐色彩搭配

C: 52	C: 23	C: 84	C: 84
M: 62	M: 15	M: 65	M: 80
Y: 79	Y: 14	Y: 0	Y: 70
K: 8	K: 0	K: 0	K: 51

C: 41	C: 31	C: 69	C: 31
M: 32	M: 48	M: 60	M: 73
Y: 34	Y: 81	Y: 75	Y: 73
K: 0	K: 0	K: 18	K: 0

C: 35	C: 56	C: 36	C: 94
M: 69	M: 73	M: 27	M: 70
Y: 39	Y: 100	Y: 20	Y: 19
K: 0	K: 27	K: 0	K: 0

这是一款复古风格的客厅设计。该空间中开放式拱门的设计，营造了浓浓的古典氛围，同时也加强了空间的通透性，使居住者的视野更加开阔。

CMYK: 12,32,25,0　CMYK: 84,69,83,51
CMYK: 38,89,96,4

色彩点评

■ 空间以暖橙色为主，以偏低的明度给人柔和、温馨的视觉感受。

■ 纯度偏低的墨绿色以及橙色，在对比中让客厅尽显复古情调，凸显出居住者的品位与个性。

低背现代沙发和圆形茶几的陈设，提供了一个良好的休息与交流环境，特别是格纹地毯的运用，尽显优雅与时尚。

推荐色彩搭配

C: 25	C: 82	C: 0	C: 86
M: 31	M: 40	M: 49	M: 69
Y: 31	Y: 42	Y: 82	Y: 87
K: 0	K: 0	K: 0	K: 55

C: 27	C: 37	C: 52	C: 73
M: 41	M: 47	M: 78	M: 35
Y: 100	Y: 45	Y: 100	Y: 0
K: 0	K: 0	K: 22	K: 0

C: 40	C: 67	C: 13	C: 31
M: 33	M: 29	M: 35	M: 85
Y: 27	Y: 60	Y: 45	Y: 100
K: 0	K: 0	K: 0	K: 0

这是一款家庭旅馆设计。起居室中简单、大方的家具陈设，营造了家的温馨与浪漫。而且极具复古情调的灯具与橱柜，提升了整个空间的格调。

色彩点评

- 起居室用色较为简单，无彩色的灰色营造了简约、优雅的视觉氛围。
- 少量原木色的点缀，适当中和了灰色的些许压抑与枯燥，让空间的色彩感更加丰富。

CMYK: 20,32,33,0　　CMYK: 64,59,55,4
CMYK: 42,55,84,0

推荐色彩搭配

C: 68	C: 26	C: 49	C: 31
M: 63	M: 49	M: 36	M: 17
Y: 71	Y: 57	Y: 45	Y: 20
K: 19	K: 0	K: 0	K: 0

C: 15	C: 87	C: 47	C: 37
M: 19	M: 81	M: 6	M: 67
Y: 18	Y: 62	Y: 11	Y: 42
K: 0	K: 39	K: 0	K: 0

C: 15	C: 42	C: 11	C: 94
M: 13	M: 99	M: 16	M: 73
Y: 11	Y: 100	Y: 22	Y: 64
K: 0	K: 9	K: 0	K: 35

这是一款复古风格的客厅设计。客厅中几何图案的窗帘、人字形木质地板等元素，完美地诠释了极具年代感的复古氛围。

色彩点评

- 客厅以浅色为主，营造了一个温馨、舒适的环境。特别是红色沙发的运用，让这种氛围更加浓厚。
- 一抹明度偏高的黄色的点缀，丰富了客厅的色彩感，极具视觉吸引力。

CMYK: 24,27,32,0　　CMYK: 51,80,69,12
CMYK: 25,44,100,0

墙壁上方的抽象壁画，一方面以现代感的方式与复古风格融为一体；另一方面增强了空间的细节感。

推荐色彩搭配

C: 46	C: 78	C: 41	C: 82
M: 51	M: 24	M: 71	M: 88
Y: 57	Y: 37	Y: 52	Y: 92
K: 0	K: 0	K: 0	K: 75

C: 42	C: 9	C: 88	C: 43
M: 86	M: 41	M: 87	M: 76
Y: 41	Y: 93	Y: 79	Y: 100
K: 0	K: 0	K: 78	K: 7

C: 45	C: 90	C: 24	C: 71
M: 38	M: 69	M: 65	M: 53
Y: 40	Y: 62	Y: 38	Y: 100
K: 0	K: 26	K: 0	K: 13

第6章

环境艺术设计与照明

环境艺术设计中的照明一般分为自然照明与人工照明。自然照明就是借助大自然的光亮，来保证室内的基本亮度；而人工照明就是通过安装各式各样的灯来提供照明。人工照明的应用场所非常多，比如住宅空间、办公空间、商业空间、园林景观、展示陈列、餐饮空间、建筑外观、步行空间、交通建筑、酒店空间等。

特点：

> 自然照明，就是借助大自然的太阳光照，来保证室内或室外空间的基本照明。

> 商业空间照明，一般都具有明显的个性风格，既可以简约时尚，也可以张扬鲜活。因为商业空间以营利为目的，照明的设计也是为了吸引更多受众的注意力。

> 餐饮空间照明，多以橙色为主色调。这样一方面可以最大限度地刺激受众味蕾，激发其就餐的欲望；另一方面也可以营造舒适、放松的就餐环境。

6.1 环境艺术设计中 照明的重要性

    环境艺术中的照明,一方面可以为空间提供基本的照明,保证受众需求;另一方面具有很强的装饰效果,营造视觉氛围,为受众带去不同的体验。

6.2 自然照明

相对于人工照明来说，自然光照给人的感觉更加柔和，可以让受众在光照中得到很好的放松。

6.2.1 自然光

色彩调性： 极简、时尚、通透、鲜明、柔和、精致、古朴、明亮。

常用主题色：

CMYK:73,43,61,1　　CMYK:29,23,23,0　　CMYK:97,80,21,0　　CMYK:40,100,100,6　　CMYK:10,2,72,0　　CMYK:1,52,90,0

常用色彩搭配

CMYK: 34,17,34,0
CMYK: 68,61,63,11

CMYK: 38,51,62,0
CMYK: 21,90,100,0

CMYK: 25,19,18,0
CMYK: 86,67,75,42

CMYK: 3,22,65,0
CMYK: 77,41,14,0

枯叶绿具有优雅、朴素的色彩特征，搭配深灰色增添了些许的稳重感。

棕色由于饱和度偏低，具有低调的色彩特征，搭配红色增强了视觉冲击力。

明度适中的灰色给人优雅的感受，搭配墨绿色让这种氛围更加浓厚。

黄色搭配蓝色，以适中的明度和纯度在冷暖色调对比中给人充满生机、活跃的印象。

配色速查

极简	时尚	通透	鲜明

CMYK: 17,13,12,0
CMYK: 51,42,39,0
CMYK: 27,36,45,0
CMYK: 38,58,67,0

CMYK: 86,90,41,0
CMYK: 14,16,24,0
CMYK: 36,100,98,2
CMYK: 17,35,61,0

CMYK: 73,27,24,0
CMYK: 96,76,50,14
CMYK: 28,20,17,0
CMYK: 47,51,61,0

CMYK: 13,10,10,0
CMYK: 52,6,56,0
CMYK: 78,90,84,72
CMYK: 20,0,61,0

这是一款公寓休息室的设计。巨大的落地窗为休息室提供了充足的光源，让居住者沐浴在阳光中。空间中适当绿植的点缀，营造了充满生机、活力的视觉氛围。

色彩点评

▨ 空间以原木色为主，在不同明度以及纯度的变化中，增强了整体的层次立体感。

▨ 深棕色的木质地板，与空间格调相一致，同时也增强了休息室的视觉稳定性。

CMYK: 47,69,73,7　　　CMYK: 20,32,51,0
CMYK: 76,51,100,15

推荐色彩搭配

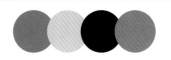

C: 56	C: 20	C: 71	C: 25
M: 44	M: 15	M: 89	M: 53
Y: 69	Y: 9	Y: 100	Y: 76
K: 0	K: 0	K: 67	K: 0

C: 26	C: 38	C: 90	C: 60
M: 100	M: 33	M: 87	M: 36
Y: 100	Y: 34	Y: 90	Y: 100
K: 0	K: 0	K: 79	K: 0

C: 29	C: 55	C: 31	C: 65
M: 38	M: 64	M: 10	M: 56
Y: 49	Y: 80	Y: 49	Y: 56
K: 0	K: 12	K: 0	K: 3

这是一款露台设计。露台空间的壁炉、烧烤架和比萨烤箱，营造出一个光影斑驳的室外空间，为住户提供了一个轻松悠闲的露天活动场地。

色彩点评

▨ 整个空间以明度适中的灰色、原木色等色彩为主，给人优雅、放松的印象。

▨ 少量深色的运用，中和了浅色的轻飘感，让整体视觉效果趋于稳定。

CMYK: 39,41,24,0　CMYK: 44,53,70,0
CMYK: 93,89,88,80　CMYK: 88,49,0,0

露台中现代简约的沙发以及吊床式长椅，共同营造了一个温暖而享受的家庭空间。深灰色的混凝土地板，增强了视觉稳定性。

推荐色彩搭配

C: 4	C: 55	C: 70	C: 93
M: 16	M: 83	M: 38	M: 88
Y: 27	Y: 100	Y: 0	Y: 89
K: 0	K: 35	K: 0	K: 80

C: 45	C: 82	C: 79	C: 23
M: 38	M: 79	M: 39	M: 66
Y: 35	Y: 75	Y: 58	Y: 84
K: 0	K: 56	K: 0	K: 0

C: 31	C: 15	C: 71	C: 42
M: 54	M: 11	M: 63	M: 12
Y: 100	Y: 11	Y: 60	Y: 15
K: 0	K: 0	K: 13	K: 0

这是一款住宅休息区设计。休息区部位的宽阔窗户充分引入了光线和自然风，让住户有一个极佳的视觉体验。而且简易的桌椅，营造了舒适的阅读与休息空间。

色彩点评

■ 大面积原木色的运用，为休息室增添了柔和、温馨的气息。

■ 灰色的墙壁，在不同明度的变化中让空间具有层次立体感。同时，室外的绿色为休息室注入了生机与活力。

CMYK: 71,65,72,27　　CMYK: 24,36,53,0
CMYK: 62,36,100,0

推荐色彩搭配

C: 20	C: 59	C: 5	C: 60
M: 20	M: 85	M: 22	M: 45
Y: 22	Y: 100	Y: 30	Y: 93
K: 0	K: 47	K: 0	K: 2

C: 88	C: 27	C: 57	C: 84
M: 44	M: 29	M: 70	M: 90
Y: 27	Y: 32	Y: 100	Y: 89
K: 0	K: 0	K: 25	K: 76

C: 94	C: 33	C: 75	C: 16
M: 73	M: 27	M: 49	M: 9
Y: 89	Y: 27	Y: 64	Y: 53
K: 62	K: 0	K: 4	K: 0

这是一款露台设计。简易的沙发、桌子等设施为住户营造了一个舒适、放松的露台环境。而且晴朗明媚的天气，让这种氛围更加浓厚。

色彩点评

■ 露台空间以纯度适中的原木色和灰色为主，给人舒缓的自然之感。

■ 少量绿植的点缀，为露台增添了生机与活力，让整体的自然氛围更加浓厚。

CMYK: 47,40,41,0　　CMYK: 16,29,52,0
CMYK: 13,14,18,0

露台的广阔视野，使住户可将周边美景尽收眼底，可以很好地缓解一天的压力与疲劳。

推荐色彩搭配

C: 77	C: 16	C: 58	C: 20
M: 71	M: 29	M: 38	M: 15
Y: 56	Y: 48	Y: 81	Y: 11
K: 16	K: 0	K: 0	K: 0

C: 46	C: 93	C: 29	C: 7
M: 40	M: 84	M: 73	M: 18
Y: 80	Y: 52	Y: 40	Y: 35
K: 0	K: 20	K: 0	K: 0

C: 76	C: 15	C: 73	C: 14
M: 40	M: 11	M: 73	M: 68
Y: 56	Y: 11	Y: 83	Y: 91
K: 0	K: 0	K: 50	K: 0

6.2.2　自然光与人工照明结合

色彩调性：优雅、古典、端庄、清新、柔和、个性、时尚、宽敞。
常用主题色：

CMYK:91,67,54,14　CMYK:26,39,44,0　CMYK:27,87,95,0　CMYK:85,51,75,11　CMYK:16,12,12,0　CMYK:74,40,7,0

常用色彩搭配

| CMYK: 26,27,32,0 | CMYK: 13,43,33,0 | CMYK: 90,57,67,16 | CMYK: 99,85,14,0 |
| CMYK: 38,46,75,0 | CMYK: 83,80,72,54 | CMYK: 16,12,12,0 | CMYK: 10,39,80,0 |

棕色是一种比较稳重的颜色，在同类色的搭配中极具视觉和谐感。　纯度适中的粉色少了红色的艳丽，却多了些温柔，搭配黑色增强了视觉稳定性。　墨绿色具有复古、优雅的色彩特征，搭配亮灰色适当提高了整体的亮度。　深蓝色具有理性、浪漫的色彩特征，搭配橙色在冷暖色调对比中十分醒目。

配色速查

优雅　　　　　古典　　　　　端庄　　　　　清新

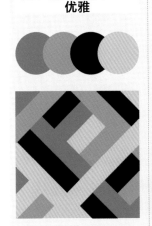  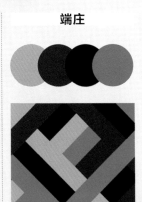 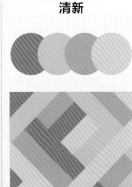

CMYK: 78,37,22,0	CMYK: 52,80,73,16	CMYK: 14,34,46,0	CMYK: 14,65,21,0
CMYK: 40,32,30,0	CMYK: 20,23,23,0	CMYK: 46,100,100,16	CMYK: 44,4,30,0
CMYK: 86,82,79,67	CMYK: 46,55,79,2	CMYK: 91,84,74,63	CMYK: 34,27,25,0
CMYK: 4,26,50,0	CMYK: 90,86,71,59	CMYK: 74,37,53,0	CMYK: 18,13,52,0

这是一款办公室休息区设计。空间整齐排列的桌椅为员工提供了一个休息与交流的良好空间，大型玻璃墙的设计，将室外的自然光引进室内。而墙壁上方的壁灯，则为夜晚照明提供了便利。

色彩点评

☑ 原木色、白色的运用，营造了一个柔和、明亮的视觉氛围。

☑ 黑色的立柱既保证了空间的安全性，又增强了视觉稳定性。

CMYK: 27,22,26,0 　CMYK: 37,56,72,0
CMYK: 91,86,87,77

推荐色彩搭配

C: 20	C: 75	C: 16	C: 54	C: 96	C: 21	C: 42	C: 78	C: 36	C: 82	C: 7	C: 47
M: 13	M: 71	M: 17	M: 67	M: 58	M: 15	M: 54	M: 73	M: 29	M: 66	M: 25	M: 67
Y: 11	Y: 77	Y: 60	Y: 80	Y: 69	Y: 19	Y: 74	Y: 64	Y: 26	Y: 30	Y: 18	Y: 83
K: 0	K: 42	K: 0	K: 14	K: 20	K: 0	K: 0	K: 30	K: 0	K: 0	K: 0	K: 6

这是一款媒体大厦的休息室设计。在窗边设计的高脚吧台，让员工在休息的同时还能观看到室外风景，可以很好地缓解疲劳，同时也提高了室内的亮度。

色彩点评

☑ 空间中不同明度以及纯度绿色的运用，在变化中增强了整体的层次立体感。

☑ 原木色的吧台，适当中和了绿色的跳跃感，为休息室增添了些许的柔和气息。

CMYK: 31,23,27,0 　CMYK: 72,24,58,0
CMYK: 20,45,71,0 　CMYK: 75,60,75,23

座椅后方的木质操作台，可以让员工进行简单食物的制作与物品的存放，具有很强的创意感。

推荐色彩搭配

C: 90	C: 43	C: 11	C: 77	C: 53	C: 33	C: 91	C: 53	C: 58	C: 100	C: 18	C: 51
M: 89	M: 54	M: 18	M: 55	M: 62	M: 32	M: 53	M: 4	M: 37	M: 98	M: 23	M: 59
Y: 78	Y: 50	Y: 45	Y: 100	Y: 73	Y: 30	Y: 40	Y: 49	Y: 100	Y: 72	Y: 22	Y: 89
K: 69	K: 0	K: 0	K: 22	K: 7	K: 0	K: 0	K: 0	K: 0	K: 65	K: 0	K: 6

这是一款办公空间设计。整个空间将墙体替换为透明玻璃，将室外的自然光引进室内。顶部的圆形吊灯，在保证充足光照的前提下，极具装饰效果。而且丰富的绿植，为空间增添了勃勃的生机。

色彩点评

- 空间中天花板和地面采用相同的灰色，具有统一和谐的视觉感受。
- 原木色桌椅为空间增添了柔和之感，灯光的点缀让这种氛围更加浓厚。

CMYK: 49,41,38,0   CMYK: 29,49,63,0
CMYK: 89,55,100,29

推荐色彩搭配

C: 88	C: 71	C: 24	C: 47
M: 64	M: 32	M: 18	M: 67
Y: 100	Y: 67	Y: 17	Y: 83
K: 49	K: 0	K: 0	K: 6

C: 27	C: 93	C: 4	C: 69
M: 38	M: 91	M: 15	M: 38
Y: 57	Y: 84	Y: 92	Y: 64
K: 0	K: 77	K: 2	K: 0

C: 71	C: 42	C: 5	C: 39
M: 45	M: 45	M: 18	M: 100
Y: 82	Y: 57	Y: 53	Y: 100
K: 4	K: 0	K: 0	K: 6

这是一款购物中心中庭设计。天花板上的圆形采光洞口应用在整个中庭空间中，将日光引入室内，让室内外进行完美的融合。

色彩点评

- 天花板中原木色的运用，为顾客营造了一个舒适、放松的购物环境。
- 少量绿色的点缀，在变化中丰富了整体的色彩感，同时为空间增添了生机与活力。

CMYK: 47,63,80,4   CMYK: 25,20,26,0
CMYK: 86,88,90,77   CMYK: 77,35,88,0

天花板中的照明灯具与圆形空间相结合，不仅保证了室内的充足光照，而且具有很好的装饰效果。

推荐色彩搭配

C: 88	C: 1	C: 53	C: 53
M: 89	M: 29	M: 49	M: 28
Y: 89	Y: 64	Y: 51	Y: 100
K: 78	K: 0	K: 0	K: 0

C: 62	C: 16	C: 100	C: 31
M: 58	M: 13	M: 62	M: 47
Y: 69	Y: 13	Y: 75	Y: 61
K: 8	K: 0	K: 33	K: 0

C: 51	C: 18	C: 99	C: 62
M: 80	M: 24	M: 95	M: 40
Y: 75	Y: 30	Y: 76	Y: 100
K: 15	K: 0	K: 69	K: 0

6.3 人工照明

人工照明就是在空间中安装不同样式与种类的吊灯或者灯带，通过电的方式保障空间的明亮。人工照明的优点在于，可以通过自己的喜好来安装不同颜色以及样式的灯，在组合中既具有很好的装饰效果，又可以营造视觉氛围。

6.3.1 住宅空间照明

色彩调性： 精致、简约、优雅、古典、明亮、极简、活跃、舒畅。

常用主题色：

CMYK:76,48,58,2　　CMYK:55,52,63,2　　CMYK:20,26,28,0　　CMYK:23,42,70,0　　CMYK:76,70,67,31　　CMYK:23,74,43,0

常用色彩搭配

CMYK：93,88,89,80 CMYK：16,51,95,0	CMYK：86,67,68,32 CMYK：16,12,12,0	CMYK：45,73,69,4 CMYK：38,47,58,0	CMYK：50,35,36,0 CMYK：18,28,45,0
橙色是十分引人注目的色彩，深受人们喜爱。搭配无彩色的黑色，增强了稳定性。	明度偏低的青色，具有古典、优雅的色彩特征，搭配亮灰色可以提高视觉亮度。	纯度偏低的红色搭配棕色，给人素雅、大方的视觉感受，凸显了住户的独特品位。	青灰色是一种素净但又有些许压抑的色彩，搭配浅橙色具有一定中和效果。

配色速查

精致	简约	优雅	古典
CMYK：100,95,51,10 CMYK：17,36,52,0 CMYK：65,61,60,8 CMYK：5,51,27,0	CMYK：12,10,6,0 CMYK：41,32,31,0 CMYK：51,80,83,19 CMYK：29,49,70,0	CMYK：33,55,69,0 CMYK：29,31,66,0 CMYK：79,48,20,0 CMYK：40,25,24,0	CMYK：100,97,48,7 CMYK：35,37,36,0 CMYK：79,55,82,19 CMYK：55,59,100,11

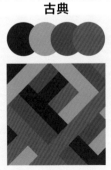

这是一款公寓的浴室设计。整个空间设计较为简约。粗糙的大理石纹理，简单的材料装饰，在对比中给人以视觉冲击力。而且适当灯光的运用，为空间增添了些许的柔和与温馨气息。

色彩点评

▨ 空间以棕色和灰色为主，在不同明度以及纯度的变化中，增强了浴室的层次立体感。

▨ 少量黑色金属的点缀，让空间具有更强的稳重与成熟之感。

CMYK: 33,35,33,0　　CMYK: 49,59,82,4
CMYK: 93,88,89,80

推荐色彩搭配

C: 46	C: 85	C: 14	C: 87
M: 32	M: 85	M: 20	M: 58
Y: 29	Y: 91	Y: 25	Y: 80
K: 0	K: 76	K: 0	K: 27

C: 20	C: 33	C: 93	C: 13
M: 80	M: 36	M: 80	M: 10
Y: 100	Y: 38	Y: 92	Y: 10
K: 0	K: 0	K: 76	K: 0

C: 42	C: 24	C: 15	C: 62
M: 66	M: 45	M: 11	M: 53
Y: 75	Y: 72	Y: 7	Y: 47
K: 2	K: 0	K: 0	K: 0

这是一款Loft公寓的厨房设计。开放式厨房加强了空间之间的联系，同时也让视觉更加开阔。纯手工打造的橱柜，尽显居住者对生活品质的追求。

色彩点评

▨ 厨房中深灰色的运用，以无彩色给人稳重、简约之感。

▨ 大面积白色的运用，中和了深色的压抑与枯燥感，同时在光照的作用下让空间更加明亮。

CMYK: 42,34,35,0　CMYK: 24,12,6,0
CMYK: 82,78,82,62

深色的木质地板与裸露的水泥天花板相呼应，营造了浓浓的工业氛围。而且顶部灯具的设计，在保证光照的同时极具装饰效果。

推荐色彩搭配

C: 63	C: 16	C: 44	C: 53
M: 62	M: 16	M: 84	M: 18
Y: 84	Y: 23	Y: 95	Y: 9
K: 19	K: 0	K: 9	K: 0

C: 24	C: 87	C: 77	C: 8
M: 49	M: 83	M: 51	M: 6
Y: 73	Y: 83	Y: 31	Y: 5
K: 0	K: 71	K: 0	K: 0

C: 59	C: 18	C: 46	C: 42
M: 36	M: 40	M: 26	M: 58
Y: 33	Y: 59	Y: 16	Y: 56
K: 0	K: 0	K: 0	K: 0

这是一款天花板照明设计。整个天花板顶棚为波浪形的照明灯,纤薄的尺寸避免了野蛮与厚重。而且,弯曲而相互交织的表面形成一种多层次、不均匀却十分平衡的组合,整体造型具有很强的创意感。

色彩点评

■ 乳白色的灯光与原木色地板相结合,营造了温馨、柔和的视觉氛围。

■ 深色的家具,为居住者交流提供了便利,同时也增强了视觉稳定性。

CMYK: 16,16,11,0　　CMYK: 44,59,80,2
CMYK: 83,87,92,76

推荐色彩搭配

C: 13	C: 56	C: 15	C: 87	C: 27	C: 49	C: 93	C: 34	C: 30	C: 38	C: 68	C: 50
M: 22	M: 60	M: 91	M: 84	M: 29	M: 64	M: 59	M: 15	M: 22	M: 65	M: 29	M: 69
Y: 28	Y: 78	Y: 78	Y: 68	Y: 64	Y: 86	Y: 53	Y: 16	Y: 20	Y: 51	Y: 65	Y: 78
K: 0	K: 9	K: 0	K: 51	K: 0	K: 7	K: 7	K: 0	K: 0	K: 0	K: 0	K: 10

这是一款在楼梯下方创造出的一个可供孩子进行娱乐的空间设计,不仅提升了空间利用率,而且对孩子隐私也有一定的保护作用。

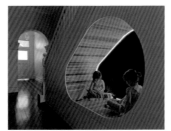

色彩点评

■ 整个空间以橙色为主,营造了一个放松、舒适的视觉氛围。

■ 适当光照的作用,让空间在明暗变化中具有很强的层次立体感。

CMYK: 53,69,100,17　CMYK: 42,44,69,0
CMYK: 27,71,100,0　　CMYK: 89,89,89,79

环绕在空间内侧周围的灯,为孩子娱乐提供了充足的光源,同时也具有温馨而梦幻的气氛。

推荐色彩搭配

C: 38	C: 44	C: 75	C: 25	C: 20	C: 83	C: 21	C: 79	C: 48	C: 17	C: 94	C: 16
M: 41	M: 74	M: 72	M: 19	M: 20	M: 55	M: 58	M: 73	M: 34	M: 29	M: 90	M: 62
Y: 50	Y: 64	Y: 77	Y: 16	Y: 24	Y: 67	Y: 100	Y: 67	Y: 34	Y: 47	Y: 85	Y: 95
K: 0	K: 3	K: 44	K: 0	K: 0	K: 13	K: 37	K: 0	K: 0	K: 0	K: 78	K: 0

6.3.2 办公空间照明

色彩调性： 简约、精致、活跃、古典、明亮、宽敞、个性、积极、时尚。

常用主题色：

CMYK:25,33,77,0　　CMYK:57,47,52,0　　CMYK:81,34,36,0　　CMYK:66,28,41,0　　CMYK:16,12,12,0　　CMYK:14,65,43,0

常用色彩搭配

CMYK：70,35,14,0
CMYK：73,65,72,27

CMYK：37,75,68,1
CMYK：12,2,57,0

CMYK：82,35,43,0
CMYK：29,39,51,0

CMYK：78,53,100,19
CMYK：41,24,64,0

蓝色搭配深灰色，以适中的明度给人理性、稳重的印象，深受人们喜爱。

纯度偏低的红色具有优雅、古典的色彩特征，搭配亮黄色增添了些许的活跃感。

青色是一种较为理性、稳重的色彩，搭配棕色在对比中给人素雅的印象。

绿色是一种充满生机与活力的色彩，在同类色的搭配中十分统一、和谐。

配色速查

简约	精致	活跃	古典

CMYK：18,28,45,0
CMYK：53,60,71,6
CMYK：48,39,36,0
CMYK：35,78,75,1

CMYK：20,59,67,0
CMYK：81,77,78,59
CMYK：16,12,12,0
CMYK：63,39,69,1

CMYK：70,0,44,0
CMYK：16,12,12,0
CMYK：6,55,73,0
CMYK：73,65,62,18

CMYK：81,56,75,18
CMYK：22,30,61,0
CMYK：87,84,83,73
CMYK：59,29,23,0

这是一款办公室设计。狭长的空间为员工交流提供了便利，而且整齐排列的桌椅尽显会议室的整洁与简约。在天花板上方的吊灯，为空间提供了充足的光源。

色彩点评

- 空间以棕色为主，在不同明度以及纯度的变化中增强了整体的层次立体感。
- 白色的墙体与吊灯相结合，提高了会议室的亮度。

CMYK: 37,33,41,0　　CMYK: 58,80,100,39
CMYK: 60,57,71,7

推荐色彩搭配

C: 3	C: 47	C: 28	C: 93
M: 20	M: 58	M: 100	M: 88
Y: 31	Y: 93	Y: 100	Y: 89
K: 0	K: 4	K: 0	K: 80

C: 53	C: 13	C: 71	C: 16
M: 36	M: 46	M: 75	M: 15
Y: 85	Y: 70	Y: 100	Y: 13
K: 0	K: 0	K: 55	K: 0

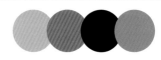

C: 32	C: 14	C: 93	C: 31
M: 26	M: 76	M: 88	M: 53
Y: 24	Y: 56	Y: 89	Y: 62
K: 0	K: 0	K: 80	K: 0

这是一款办公空间的接待区域设计。开放式的接待区域为来客了解公司提供了便利，而且沙发区域的窗户，加强了室内外的联系。

色彩点评

- 空间以浅色为主，尽显公司的稳重与简约，同时也为员工营造了良好的工作环境。
- 深色的大理石地板，是整个空间的视觉重心所在。

CMYK: 33,28,28,0　　CMYK: 60,82,73,33
CMYK: 36,58,86,0

天花板上方的圆形吊灯，保证了空间的充足光源，同时具有很强的装饰效果，十分引人注目。

推荐色彩搭配

C: 39	C: 65	C: 15	C: 27
M: 98	M: 88	M: 11	M: 35
Y: 100	Y: 100	Y: 11	Y: 89
K: 5	K: 60	K: 0	K: 0

C: 98	C: 44	C: 7	C: 62
M: 55	M: 55	M: 18	M: 55
Y: 58	Y: 71	Y: 24	Y: 53
K: 8	K: 0	K: 0	K: 2

C: 27	C: 29	C: 87	C: 48
M: 36	M: 24	M: 40	M: 91
Y: 87	Y: 30	Y: 35	Y: 100
K: 0	K: 0	K: 0	K: 21

这是一款工作空间设计。空间中巨大的木质桌子为多人研讨提供了便利。天花板上方的圆形吊灯，保证了室内的充足光源，同时具有很强的装饰效果。

色彩点评

■ 空间以纯度偏低的原木色为主，为员工营造了一个良好的交流环境，极具视觉稳定性。

■ 少量绿植的点缀，为单调的空间增添了些许的活力与生机。

CMYK: 45,52,58,0　　CMYK: 51,80,95,22
CMYK: 29,50,87,0

推荐色彩搭配

C: 44	C: 13	C: 84	C: 26
M: 91	M: 38	M: 64	M: 24
Y: 100	Y: 73	Y: 82	Y: 22
K: 15	K: 0	K: 39	K: 0

C: 53	C: 38	C: 87	C: 28
M: 69	M: 30	M: 56	M: 38
Y: 100	Y: 30	Y: 49	Y: 62
K: 18	K: 0	K: 3	K: 0

C: 31	C: 95	C: 25	C: 52
M: 36	M: 51	M: 18	M: 70
Y: 64	Y: 75	Y: 12	Y: 100
K: 0	K: 13	K: 0	K: 17

这是一款办公区域设计。整个空间设计较为大胆时尚，简约的圆形沙发与热带雨林壁纸，为空间增添了满满的活力与激情。

色彩点评

■ 空间以浅色为主，营造了明亮、通透的工作环境。少量蓝色等色彩的运用，让整体氛围更加活跃。

■ 绿色的运用，为空间增添了满满的生机与活力。

CMYK: 27,25,24,0　　CMYK: 51,89,100,27
CMYK: 81,46,16,0　　CMYK: 33,42,78,0

在天花板顶部如太阳的放射型灯，为空间提供了充足的光源，而且具有很强的装饰效果，提升了整体的品质与格调。

推荐色彩搭配

C: 96	C: 25	C: 50	C: 22
M: 71	M: 17	M: 55	M: 18
Y: 40	Y: 15	Y: 72	Y: 46
K: 2	K: 0	K: 2	K: 0

C: 91	C: 25	C: 47	C: 41
M: 87	M: 39	M: 100	M: 23
Y: 89	Y: 55	Y: 82	Y: 62
K: 79	K: 0	K: 17	K: 0

C: 60	C: 14	C: 93	C: 28
M: 31	M: 48	M: 75	M: 22
Y: 27	Y: 81	Y: 18	Y: 21
K: 0	K: 0	K: 0	K: 0

6.3.3　商业空间照明

色彩调性： 鲜明、优雅、柔和、醒目、时尚、简约、专业、成熟。
常用主题色：

CMYK:44,99,99,13　CMYK:19,35,41,0　CMYK:73,46,38,0　CMYK:16,12,12,0　CMYK:3,31,80,0　CMYK:81,48,63,4

常用色彩搭配

CMYK: 6,12,78,0　　CMYK: 61,31,52,0　　CMYK: 0,83,47,0　　CMYK: 7,42,85,0
CMYK: 67,61,58,8　　CMYK: 74,31,0,0　　CMYK: 89,84,82,73　CMYK: 22,17,17,0

明度偏高的黄色极具视觉冲击力，搭配灰色具有一定的中和效果。　纯度偏低的绿色具有素雅、精致的色彩特征，搭配蓝色增添了些许的活跃感。　高明度的红色具有鲜艳、热情的色彩特征，搭配黑色增强了视觉稳定性。　橙色搭配浅灰色，以适中的明度在对比中中和了橙色的跳跃感，增添了成熟感。

配色速查

鲜明　　　**优雅**　　　**柔和**　　　**醒目**

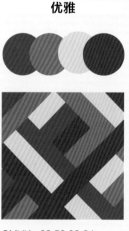  

CMYK: 78,61,0,0　　CMYK: 89,56,83,24　CMYK: 54,21,66,0　CMYK: 19,88,67,0
CMYK: 80,39,83,1　CMYK: 28,68,71,0　CMYK: 29,65,19,0　CMYK: 76,15,69,0
CMYK: 31,47,0,0　　CMYK: 16,15,15,0　CMYK: 22,15,54,0　CMYK: 5,2,50,0
CMYK: 20,40,96,0　CMYK: 76,70,67,31　CMYK: 43,35,33,0　CMYK: 59,7,25,0

这是一款俱乐部空间设计。错落的石砌墙壁贯穿了整个空间，让人在视觉上得到无限的延伸，为空间带来质感与活力。而且相应的灯光，不仅满足了基本的照明，又烘托了整体的视觉氛围。

色彩点评

■ 空间以深色为主，营造了神秘、优雅的氛围，对客人隐私具有很好的保护作用。

■ 错落有致的橙色灯光，中和了水泥墙体的坚硬感，为空间增添了些许的柔和气息。

CMYK: 69,56,58,5　　CMYK: 0,18,53,0
CMYK: 89,87,89,79

推荐色彩搭配

C: 5	C: 65	C: 20	C: 97	C: 85	C: 36	C: 11	C: 55	C: 51	C: 13	C: 2	C: 85
M: 25	M: 63	M: 17	M: 89	M: 55	M: 27	M: 11	M: 89	M: 25	M: 12	M: 4	M: 78
Y: 73	Y: 64	Y: 22	Y: 27	Y: 100	Y: 27	Y: 49	Y: 42	Y: 27	Y: 11	Y: 74	Y: 69
K: 0	K: 13	K: 0	K: 0	K: 27	K: 0	K: 0	K: 1	K: 0	K: 0	K: 0	K: 46

这是一款夜总会设计。整个空间采用对称型的布局方式，左右两侧相同的设计，适当中和了夜总会的喧闹。

色彩点评

■ 空间以明度偏高的蓝色为主，在变化中增强了整体的层次立体感。

■ 适当红色的运用，在与蓝色的鲜明对比中尽显夜总会的激情与活力。

CMYK: 91,76,0,0　　CMYK: 93,90,84,78
CMYK: 15,87,85,0

五彩缤纷的灯光，营造了一个梦幻、迷离的视觉氛围，让来访者完全沉浸其中，尽情释放压力与烦躁。

推荐色彩搭配

C: 100	C: 9	C: 100	C: 93	C: 76	C: 16	C: 84	C: 0	C: 64	C: 68	C: 56	C: 100
M: 98	M: 24	M: 93	M: 88	M: 27	M: 12	M: 81	M: 67	M: 0	M: 60	M: 0	M: 100
Y: 49	Y: 85	Y: 83	Y: 89	Y: 16	Y: 10	Y: 70	Y: 38	Y: 69	Y: 55	Y: 22	Y: 44
K: 3	K: 0	K: 0	K: 80	K: 0	K: 0	K: 52	K: 0	K: 0	K: 5	K: 0	K: 1

这是一款公共空间设计。公共大厅能够同时满足交谈、单独工作以及小组讨论等需要。大厅天花板中内嵌的LED灯环绕着圆形采光天窗，让自然光与人工照明相结合。

色彩点评

■ 空间中明度适中的原木色，营造了一个舒适、放松的沟通与交流环境。

■ 深色的地板中和了浅色的轻飘感，增强了整体的视觉稳定性。

CMYK: 51,47,55,0　　CMYK: 12,15,25,0
CMYK: 40,33,27,0　　CMYK: 79,78,98,67

推荐色彩搭配

C: 36	C: 56	C: 38	C: 80
M: 42	M: 68	M: 30	M: 34
Y: 47	Y: 87	Y: 25	Y: 37
K: 0	K: 18	K: 0	K: 0

C: 32	C: 44	C: 0	C: 90
M: 29	M: 100	M: 30	M: 82
Y: 28	Y: 100	Y: 85	Y: 79
K: 0	K: 13	K: 0	K: 65

C: 61	C: 15	C: 63	C: 93
M: 27	M: 22	M: 44	M: 88
Y: 50	Y: 34	Y: 86	Y: 89
K: 0	K: 0	K: 2	K: 80

这是一款商业空间的装置艺术设计。在购物中心有100种颜色的1500株迷你树布满了13.4平方米的室内空间，形成了气势震撼的色彩森林，十分引人注目。

色彩点评

■ 红色和黄色交织的圣诞树，在鲜明的对比中营造了节日的欢快氛围。

■ 深色的背景，将灯光衬托得格外醒目，同时也让整体的视觉效果更加稳定。

CMYK: 60,67,100,25　CMYK: 13,0,91,0
CMYK: 12,100,100,0

每一棵迷你树都像灯笼一样包裹着一个灯泡，使灯光变得柔和而温暖，为购物者带去了不一样的视觉体验。

推荐色彩搭配

C: 5	C: 95	C: 69	C: 100
M: 11	M: 52	M: 73	M: 95
Y: 76	Y: 100	Y: 100	Y: 60
K: 0	K: 25	K: 25	K: 24

C: 93	C: 48	C: 0	C: 16
M: 89	M: 0	M: 74	M: 10
Y: 88	Y: 0	Y: 36	Y: 7
K: 80	K: 0	K: 0	K: 0

C: 50	C: 43	C: 18	C: 80
M: 5	M: 36	M: 13	M: 73
Y: 28	Y: 80	Y: 16	Y: 64
K: 0	K: 0	K: 0	K: 30

6.3.4　园林景观照明

色彩调性： 时尚、理智、欢乐、温暖、生机、活力、自然、放松。

常用主题色：

CMYK:4,77,46,0　CMYK:14,15,17,0　CMYK:14,49,56,0　CMYK:58,40,99,0　CMYK:7,17,88,0　CMYK:69,21,32,0

常用色彩搭配

CMYK: 76,29,90,0
CMYK: 6,16,88,0

CMYK: 0,94,16,0
CMYK: 91,62,36,0

CMYK: 0,58,60,0
CMYK: 25,19,18,0

CMYK: 93,88,89,80
CMYK: 19,71,48,0

绿色搭配黄色，以较高的明度在鲜明的颜色对比中给人活跃、积极的印象。

明度偏高的洋红色具有醒目、刺激的色彩特征，搭配深青色具有一定的中和效果。

纯度适中的橙色给人鲜活、积极的视觉感受，搭配灰色增添了成熟感。

无彩色的黑色具有稳重、压抑的色彩特征，搭配红色丰富了空间的色彩感。

配色速查

时尚	理智	欢乐	温暖
		 	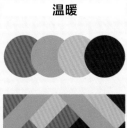 
CMYK: 6,15,66,0 CMYK: 35,52,90,0 CMYK: 12,9,9,0 CMYK: 79,74,74,48	CMYK: 84,54,29,0 CMYK: 47,1,8,0 CMYK: 17,5,69,0 CMYK: 69,61,58,8	CMYK: 70,24,81,0 CMYK: 16,62,33,0 CMYK: 35,42,56,0 CMYK: 6,7,7,0	CMYK: 30,68,92,0 CMYK: 15,45,67,0 CMYK: 23,25,36,0 CMYK: 56,88,100,42

这是一款亭台装置设计。亭台被四个能够从内部发光的膨胀雕塑体所包围，在夜晚时亭台内部空间充满橙色的灯光，在黑夜的衬托下十分引人注目。

色彩点评

■ 在灯光作用下的橙色，以不同的明度和纯度让亭台具有很强的层次立体感。

■ 周围的黑色让整个装置极具视觉稳定性。

CMYK: 93,91,82,76　　CMYK: 2,88,100,0
CMYK: 0,41,99,0

推荐色彩搭配

C: 0	C: 40	C: 84	C: 14	C: 76	C: 7	C: 88	C: 30	C: 19	C: 76	C: 5	C: 85
M: 62	M: 100	M: 88	M: 33	M: 31	M: 13	M: 46	M: 24	M: 13	M: 28	M: 45	M: 89
Y: 70	Y: 77	Y: 90	Y: 58	Y: 97	Y: 71	Y: 24	Y: 25	Y: 13	Y: 65	Y: 91	Y: 91
K: 0	K: 6	K: 76	K: 0	K: 0	K: 0	K: 0	K: 0	K: 0	K: 0	K: 0	K: 76

这是一款城市公共空间设计。在广场中间部位的花朵外形装置，不仅为人们提供了一个良好的休息空间，而且具有很强的创意感。

色彩点评

■ 空间以橙色和黄色为主，在不同明度的变化中增强了整体的层次立体感。

■ 少量明度偏高的蓝色的点缀，在与其他颜色的鲜明对比中给人活跃、积极的印象。

CMYK: 58,87,100,48　CMYK: 19,84,100,0
CMYK: 5,42,87,0

灿烂、炫目的灯光装置在夜晚中十分引人注目，而且也为休息、娱乐的人们带去了欢乐。

推荐色彩搭配

C: 13	C: 16	C: 12	C: 71	C: 16	C: 89	C: 4	C: 19	C: 61	C: 19	C: 78	C: 63
M: 71	M: 16	M: 43	M: 67	M: 35	M: 58	M: 62	M: 16	M: 82	M: 50	M: 87	M: 0
Y: 59	Y: 19	Y: 59	Y: 56	Y: 61	Y: 91	Y: 38	Y: 16	Y: 100	Y: 75	Y: 95	Y: 36
K: 0	K: 0	K: 0	K: 13	K: 0	K: 33	K: 0	K: 0	K: 47	K: 0	K: 73	K: 0

这是一款红色灯管照明装置设计。含有LED照明灯的红色波纹灯管弯曲成拱门造型，出现在花园各个地方，以意想不到的方式呈现连接，最后形成一个整体框架，当夜晚降临时出现在静谧而美丽的大花园中。

色彩点评

- ▧ 高明度的红色灯光在黑夜的衬托下十分醒目，让静谧的公园又瞬间鲜活起来。
- ▧ 周围的深色建筑与树木，增强了空间视觉稳定性。

CMYK: 65,84,100,58　　CMYK: 0,100,100,0
CMYK: 11,60,68,0

推荐色彩搭配

C: 13	C: 16	C: 84	C: 9	C: 55	C: 20	C: 24	C: 55	C: 95	C: 36	C: 11	C: 80
M: 86	M: 9	M: 45	M: 51	M: 7	M: 13	M: 90	M: 84	M: 91	M: 49	M: 8	M: 43
Y: 49	Y: 17	Y: 16	Y: 64	Y: 56	Y: 12	Y: 81	Y: 100	Y: 82	Y: 100	Y: 0	Y: 100
K: 0	K: 0	K: 0	K: 0	K: 0	K: 0	K: 0	K: 36	K: 75	K: 0	K: 0	K: 4

这是一款动态灯光装置设计。该装置以一个圆锥形树的形式进行呈现，而且该结构完全可以接近，其内部可以容纳140人。

色彩点评

- ▧ 蓝色到紫色的渐变过渡，以较高的明度为城市增添了一抹亮丽的色彩。
- ▧ 周围的黑色将装置醒目地凸显出来，同时也增强了整体的视觉稳定性。

CMYK: 93,89,86,78　CMYK: 100,94,27,0
CMYK: 41,65,0,0

装置表面覆盖有60000个LED，这些LED通过像素映射来显示与音乐节目相关的不同灯光秀，十分引人注目。

推荐色彩搭配

C: 76	C: 88	C: 4	C: 58	C: 2	C: 62	C: 15	C: 0	C: 78	C: 0	C: 100	C: 11
M: 74	M: 84	M: 26	M: 82	M: 27	M: 39	M: 11	M: 36	M: 68	M: 63	M: 89	M: 9
Y: 0	Y: 84	Y: 98	Y: 0	Y: 97	Y: 0	Y: 13	Y: 33	Y: 0	Y: 79	Y: 73	Y: 9
K: 0	K: 73	K: 0	K: 0	K: 0	K: 0	K: 0	K: 0	K: 0	K: 0	K: 65	K: 0

6.3.5　展示陈列照明

色彩调性： 梦幻、优雅、通透、鲜明、时尚、个性、生机、活跃、积极。

常用主题色：

CMYK:21,38,90,0　　CMYK:51,21,0,0　　CMYK:79,53,69,11　　CMYK:24,16,20,0　　CMYK:44,100,95,13　　CMYK:24,37,58,0

常用色彩搭配

CMYK: 81,51,76,12　　　CMYK: 3,27,41,0　　　CMYK: 11,53,22,0　　　CMYK: 0,72,61,0
CMYK: 37,40,42,0　　　 CMYK: 91,62,44,3　　　CMYK: 68,51,75,7　　　CMYK: 0,48,60,0

深绿色具有古典、优雅的色彩特征，搭配深灰色让这种氛围更加浓厚。　纯度偏高的橙色具有柔和的色彩特征，搭配深青色增添了些许的稳重感。　粉红色搭配橄榄绿，以适中的明度在颜色的鲜明对比下显得十分引人注目。　明度偏高的橙色给人活跃、积极的印象，在同类色的对比中极具统一和谐感。

配色速查

梦幻	优雅	通透	鲜明
	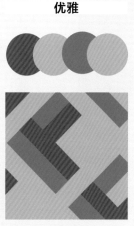	 	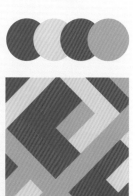
CMYK: 85,95,0,0	CMYK: 47,75,67,6	CMYK: 46,4,25,0	CMYK: 88,60,16,0
CMYK: 41,44,0,0	CMYK: 20,28,28,0	CMYK: 26,9,55,0	CMYK: 13,10,88,0
CMYK: 91,79,69,51	CMYK: 69,46,31,0	CMYK: 83,55,67,13	CMYK: 36,71,100,1
CMYK: 44,100,69,7	CMYK: 30,23,19,0	CMYK: 9,29,42,0	CMYK: 33,31,37,0

这是一款展览空间设计。该空间主要展览由可回收材料打造而成的夹克外套，而且在不同颜色灯光的作用下，营造了一个充满科技感的氛围，为来访者带去震撼的视觉效果。

■ 空间中明度偏高的洋红色和蓝色的运用，在对比中为来访者营造了一个无限的想象空间。

■ 少量深色的点缀，中和了颜色的刺激感。

CMYK: 90,100,65,53　　CMYK: 43,82,0,0
CMYK: 98,78,0,0

推荐色彩搭配

C: 46	C: 66	C: 93	C: 26
M: 34	M: 71	M: 89	M: 58
Y: 26	Y: 0	Y: 87	Y: 0
K: 0	K: 0	K: 79	K: 0

C: 11	C: 93	C: 30	C: 60
M: 10	M: 60	M: 27	M: 42
Y: 95	Y: 9	Y: 34	Y: 38
K: 0	K: 0	K: 0	K: 0

C: 100	C: 79	C: 33	C: 48
M: 95	M: 33	M: 9	M: 96
Y: 68	Y: 0	Y: 7	Y: 1
K: 60	K: 0	K: 0	K: 0

这是一款主题巡回展设计。展览呈现了来自重要收藏家的400件原始版本游戏机和绘画作品，以便受众能够充分了解关于电脑游戏的历史。

CMYK: 95,75, 0,0　　CMYK: 11,62,100,0
CMYK: 58,0,100,0　　CMYK: 32,87,0,0

■ 空间中高明度蓝色的运用，给人科技、梦幻的视觉感受。

■ 少量绿色、橙色等色彩的运用，在鲜明的颜色对比中具有很好的引导效果。

充斥在空间中的荧光灯管，不仅营造了一个极具现代感的视觉氛围，而且保证了空间的照明需求。

推荐色彩搭配

C: 89	C: 18	C: 51	C: 95
M: 60	M: 12	M: 27	M: 89
Y: 0	Y: 9	Y: 84	Y: 76
K: 0	K: 0	K: 0	K: 66

C: 0	C: 22	C: 69	C: 0
M: 69	M: 17	M: 0	M: 23
Y: 61	Y: 16	Y: 54	Y: 71
K: 0	K: 0	K: 0	K: 0

C: 58	C: 0	C: 29	C: 82
M: 78	M: 85	M: 21	M: 26
Y: 93	Y: 73	Y: 18	Y: 100
K: 36	K: 0	K: 0	K: 0

这是一款博物馆大型沉浸式展览设计。该展览厅以抽象的方式展现了人类活动给自然带来的变化。空间中不同部位的灯带，增强了整体的层次立体感。

色彩点评

▨ 大面积蓝色的运用，以偏低的明度给人理性、压抑的感受，旨在呼吁人们重视对环境的保护。

▨ 少量青绿色的运用，在与蓝色的对比中十分醒目。

CMYK: 100,87,3,0　　CMYK: 84,29,54,0
CMYK: 40,18,5,0

推荐色彩搭配

C: 69	C: 90	C: 20	C: 76
M: 41	M: 100	M: 51	M: 35
Y: 0	Y: 59	Y: 73	Y: 31
K: 0	K: 41	K: 0	K: 0

C: 88	C: 30	C: 33	C: 55
M: 56	M: 27	M: 0	M: 37
Y: 71	Y: 20	Y: 15	Y: 91
K: 18	K: 0	K: 0	K: 0

C: 67	C: 13	C: 83	C: 22
M: 75	M: 44	M: 39	M: 16
Y: 80	Y: 100	Y: 79	Y: 21
K: 43	K: 0	K: 1	K: 0

这是一款瓷器展览空间设计。展览汇集了1700多件制造于16世纪到19世纪的中国出口瓷器，深入探讨了迄今为止中国瓷器的历史背景、出口范围和对世界的影响。

色彩点评

▨ 空间以深棕色为主，以偏低的明度营造了厚重、悠久的历史氛围。

▨ 打在产品上方的亮光，缓和了深色的压抑感，同时也提高了空间的亮度。

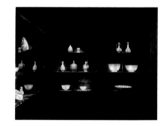

CMYK: 92,87,89,80　CMYK: 59,84,100,47
CMYK: 15,10,19,0

在灯光的配合下，营造出一种瓷器飘浮在黑暗中的错觉，而且为来访者观看产品细节提供了充足的光源。

推荐色彩搭配

C: 60	C: 31	C: 37	C: 25
M: 82	M: 26	M: 99	M: 17
Y: 100	Y: 55	Y: 96	Y: 16
K: 45	K: 0	K: 3	K: 0

C: 82	C: 13	C: 48	C: 93
M: 53	M: 8	M: 44	M: 88
Y: 75	Y: 9	Y: 64	Y: 88
K: 15	K: 0	K: 0	K: 79

C: 47	C: 16	C: 95	C: 24
M: 85	M: 36	M: 88	M: 18
Y: 78	Y: 44	Y: 0	Y: 17
K: 12	K: 0	K: 0	K: 0

6.3.6 餐饮空间照明

色彩调性： 强烈、精致、古典、舒适、明亮、宽敞、大方、个性。

常用主题色：

CMYK:42,99,95,8　CMYK:19,39,60,0　CMYK:79,54,37,0　CMYK:16,12,12,0　CMYK:18,2,83,0　CMYK:22,41,22,0

常用色彩搭配

CMYK: 77,63,71,25 CMYK: 12,29,0,0	CMYK: 26,69,96,0 CMYK: 72,4,33,0	CMYK: 54,28,11,0 CMYK: 49,48,59,0	CMYK: 52,34,65,0 CMYK: 5,2,50,0
深绿色具有古典、稳重的色彩特征，搭配浅粉色中和了深色的压抑感。	橙色搭配青色，以适中的明度在鲜明的颜色对比中十分引人注目。	浅蓝色是一种放松、优雅的色彩，搭配棕色在对比中增添了些许的稳重感。	橄榄绿搭配亮黄色，在颜色对比中既有精致、成熟之感，又不乏活跃与生机。

配色速查

强烈	精致	古典	舒适
	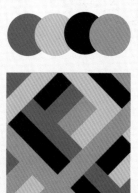		 
CMYK: 11,95,89,0 CMYK: 100,97,53,6 CMYK: 10,0,83,0 CMYK: 29,23,22,0	CMYK: 69,49,74,6 CMYK: 30,17,35,0 CMYK: 85,74,79,56 CMYK: 13,52,32,0	CMYK: 77,21,30,0 CMYK: 91,58,55,9 CMYK: 24,47,75,0 CMYK: 61,76,98,41	CMYK: 8,13,18,0 CMYK: 51,69,80,12 CMYK: 52,35,65,0 CMYK: 31,17,22,0

这是一款餐厅设计。深色的橡木吧台为顾客提供了一个交流、休息的良好空间。天花板上方的吊灯为空间提供了充足的照明，同时具有很强的装饰效果，尽显餐厅的优雅格调。

色彩点评

- 深棕色是一种复古、稳重的色彩，在不同明度以及纯度的变化中增强了空间的层次立体感。
- 少量橙色的运用，中和了深色的压抑感，适当活跃了气氛。

CMYK: 53,95,100,38　　CMYK: 6,5,4,0
CMYK: 10,73,100,0

推荐色彩搭配

C: 38	C: 12	C: 75	C: 65
M: 76	M: 21	M: 78	M: 23
Y: 100	Y: 39	Y: 76	Y: 42
K: 3	K: 0	K: 52	K: 0

C: 57	C: 22	C: 45	C: 24
M: 16	M: 53	M: 100	M: 13
Y: 25	Y: 88	Y: 100	Y: 16
K: 0	K: 0	K: 20	K: 0

C: 61	C: 19	C: 82	C: 4
M: 27	M: 34	M: 84	M: 71
Y: 11	Y: 40	Y: 93	Y: 99
K: 0	K: 0	K: 75	K: 0

这是一款餐厅设计。空间中单独的座椅摆放，为就餐者提供了便利，而且三角形尖顶喷漆的墙面，增强了空间的视觉流动性。

色彩点评

- 餐厅以浅色为主，营造了一个舒适、放松的就餐环境。而且原木色的运用，为空间增添了些许的柔和与温馨感。
- 少量青灰色的点缀，瞬间提升了餐厅的格调。

CMYK: 25,22,22,0　　CMYK: 55,68,91,19
CMYK: 67,47,25,0

将座位作为用餐区照明设施金属拱形灯的支撑构件，不仅提高了空间利用率，而且保证了顾客就餐时的照明需求。

推荐色彩搭配

C: 91	C: 61	C: 22	C: 42
M: 77	M: 39	M: 38	M: 100
Y: 42	Y: 16	Y: 93	Y: 100
K: 5	K: 0	K: 0	K: 10

C: 42	C: 93	C: 30	C: 9
M: 75	M: 73	M: 24	M: 47
Y: 100	Y: 69	Y: 21	Y: 87
K: 5	K: 42	K: 0	K: 0

C: 20	C: 33	C: 78	C: 25
M: 42	M: 65	M: 62	M: 20
Y: 20	Y: 73	Y: 74	Y: 22
K: 0	K: 0	K: 28	K: 0

这是一款餐厅设计。吧台后方的抽象彩色玻璃在空间中占据了绝对的主导地位，同时金属拱形的天花板，营造了优雅、古典的视觉氛围。错落有致的灯，增强了空间的层次立体感。

色彩点评

▤ 空间以棕色为主，在不同明度的变化中给人稳重、成熟之感。

▤ 红色、绿色以及青色装饰的彩色玻璃，在鲜明的颜色对比中为餐厅增添了活跃的气息。

CMYK: 62,76,99,42　CMYK: 26,42,70,0
CMYK: 64,0,22,0　　CMYK: 0,98,100,0

推荐色彩搭配

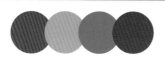

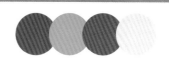

C: 100	C: 18	C: 9	C: 86		C: 48	C: 47	C: 67	C: 2		C: 5	C: 73	C: 35	C: 12
M: 90	M: 40	M: 90	M: 84		M: 76	M: 21	M: 44	M: 100		M: 86	M: 0	M: 73	M: 5
Y: 36	Y: 100	Y: 100	Y: 93		Y: 73	Y: 3	Y: 66	Y: 81		Y: 100	Y: 31	Y: 71	Y: 16
K: 0	K: 0	K: 0	K: 76		K: 9	K: 0	K: 1	K: 0		K: 0	K: 0	K: 0	K: 0

这是一款酒吧设计。中间的吧台是视觉焦点所在，营造了浓浓的古典气息，而环绕其周围的座位为顾客提供了便利。

色彩点评

▤ 金色的运用，在不同明度以及纯度的变化中增强了空间的层次感。

▤ 吧台周围的深色，为顾客提供了一个良好的私密空间，同时也增强了视觉稳定性。

CMYK: 89,89,89,79　CMYK: 25,70,98,0
CMYK: 7,42,85,0

黄铜材质的陈列柜与装饰元素，在灯光的作用下尽显高贵与华丽。而且，天花板上方的精致吊灯，为空间提供了充足的照明。

推荐色彩搭配

C: 75	C: 7	C: 25	C: 73		C: 39	C: 95	C: 15	C: 1		C: 43	C: 20	C: 80	C: 12
M: 79	M: 70	M: 20	M: 31		M: 30	M: 92	M: 94	M: 20		M: 57	M: 24	M: 58	M: 9
Y: 77	Y: 100	Y: 14	Y: 76		Y: 32	Y: 82	Y: 100	Y: 95		Y: 76	Y: 24	Y: 69	Y: 13
K: 55	K: 0	K: 0	K: 0		K: 0	K: 75	K: 0	K: 0		K: 0	K: 0	K: 18	K: 0

6.3.7　建筑外观照明

色彩调性： 古典、理智、优雅、高端、稳重、大气、恢宏、成熟。

常用主题色：

CMYK:27,53,93,0　CMYK:84,86,86,75　CMYK:70,35,12,0　CMYK:67,23,100,0　CMYK:16,16,24,0　CMYK:17,23,78,0

常用色彩搭配

CMYK: 80,29,40,0
CMYK: 15,71,16,0

CMYK: 17,16,62,0
CMYK: 64,21,51,0

CMYK: 71,75,0,0
CMYK: 89,93,71,64

CMYK: 8,31,56,0
CMYK: 50,74,97,17

青色搭配洋红色，在鲜明的颜色对比中十分引人注目，深受人们喜爱。

黄色搭配绿色，以适中的明度和纯度给人柔和、清新的视觉感受。

紫色是一种极具优雅与神秘特征的色彩，搭配黑色可以让这种氛围更加浓厚。

橙色具有活跃、积极的色彩特征，在同类色对比中让空间尽显统一与和谐。

配色速查

古典	理智	优雅	高端

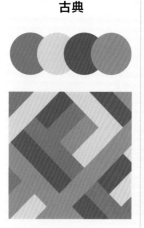  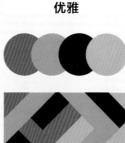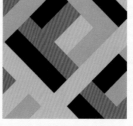 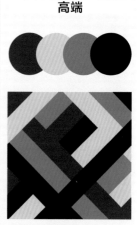

CMYK: 40,52,92,1
CMYK: 19,14,14,0
CMYK: 84,56,42,1
CMYK: 16,52,33,0

CMYK: 54,17,2,0
CMYK: 80,42,0,0
CMYK: 99,89,56,30
CMYK: 9,12,88,0

CMYK: 36,73,26,0
CMYK: 11,48,58,0
CMYK: 85,80,79,66
CMYK: 30,24,21,0

CMYK: 47,100,100,19
CMYK: 21,16,18,0
CMYK: 79,42,36,0
CMYK: 93,88,89,80

这是一款加油站设计。建筑采用了具有自洁性、重量轻以及可回收等特点的高科技材料。到了晚上红色的灯光亮起，加油站耀眼如红宝石，吸引着客人。

色彩点评

■ 加油站以红色为主，偏高的纯度极具视觉吸引力，为来往客人指引道路。

■ 适当的深色金属，中和了红色的刺目感，同时也增强了视觉稳定性。

CMYK: 93,89,85,78　CMYK: 29,100,100,1
CMYK: 33,42,65,0

推荐色彩搭配

C: 37	C: 31	C: 91	C: 11
M: 100	M: 25	M: 89	M: 50
Y: 100	Y: 25	Y: 85	Y: 87
K: 4	K: 0	K: 78	K: 0

C: 33	C: 36	C: 84	C: 2
M: 26	M: 100	M: 33	M: 31
Y: 25	Y: 100	Y: 36	Y: 53
K: 0	K: 4	K: 0	K: 0

C: 78	C: 100	C: 33	C: 5
M: 20	M: 95	M: 100	M: 15
Y: 2	Y: 75	Y: 100	Y: 80
K: 0	K: 69	K: 2	K: 0

这是一款办公楼设计。办公楼根据场地特定需求量身打造，完美融入周围环境。阶梯立面的设计在满足遮阳需求的同时，让自然光线可以照进每一个角落。

CMYK: 69,76,100,53 CMYK: 11,40,44,0
CMYK: 31,45,88,0

色彩点评

■ 建筑中的橙色灯光，中和了金属、水泥等材质的坚硬感，增添了些许的柔和气息。

■ 深色的运用，很好地增强了视觉稳定性。

错落有致摆放的灯管，照亮了整个建筑，使其成为夜晚中耀眼的存在，十分引人注目。

推荐色彩搭配

C: 20	C: 0	C: 79	C: 24
M: 51	M: 14	M: 44	M: 18
Y: 100	Y: 58	Y: 99	Y: 20
K: 0	K: 0	K: 6	K: 0

C: 77	C: 24	C: 16	C: 90
M: 71	M: 69	M: 45	M: 82
Y: 60	Y: 64	Y: 82	Y: 0
K: 22	K: 0	K: 0	K: 0

C: 43	C: 9	C: 100	C: 0
M: 5	M: 28	M: 95	M: 60
Y: 18	Y: 96	Y: 62	Y: 92
K: 0	K: 0	K: 50	K: 0

这是一款展馆建筑设计。建筑形态使人联想到向着地面缓缓延伸而下的连绵起伏的山丘，当夜幕降临时，错落有致的灯光将建筑醒目地凸显出来。

■ 不同明度与纯度红色的运用，增强了建筑的层次立体感，十分引人注目。

■ 少量橙色的点缀，以偏高的明度提高了建筑的亮度。

CMYK: 0,60,69,0   CMYK: 29,84,95,0
CMYK: 2,18,53,0

推荐色彩搭配

C: 80	C: 0	C: 44	C: 24	C: 63	C: 9	C: 86	C: 0	C: 33	C: 87	C: 22	C: 38
M: 40	M: 65	M: 100	M: 19	M: 40	M: 13	M: 90	M: 55	M: 4	M: 76	M: 23	M: 76
Y: 22	Y: 71	Y: 100	Y: 19	Y: 17	Y: 67	Y: 88	Y: 62	Y: 26	Y: 51	Y: 40	Y: 99
K: 0	K: 0	K: 14	K: 0	K: 0	K: 0	K: 77	K: 0	K: 0	K: 14	K: 0	K: 3

这是一款照明工程设计。在进行设计时不仅要为这一历史场所提供功能性和装饰性的照明，而且需要突出城堡的古老墙体、构造等元素。

■ 环绕在舞台周围的黄色灯带，以较高的明度吸引受众的注意力。

■ 在墙体上方的红色的垂直壁灯，具有很好的引导效果。

CMYK: 96,91,82,75   CMYK: 53,73,45,1
CMYK: 26,18,75,0

在这个环境中，灯光的色彩如同曙光般不断变化，带给游客动态的、差异化的、多功能的以及可适应性的光的体验。

推荐色彩搭配

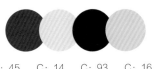

C: 45	C: 14	C: 93	C: 16	C: 16	C: 89	C: 38	C: 53	C: 88	C: 14	C: 60	C: 20
M: 94	M: 11	M: 88	M: 6	M: 28	M: 83	M: 100	M: 11	M: 58	M: 47	M: 73	M: 26
Y: 35	Y: 9	Y: 89	Y: 71	Y: 100	Y: 92	Y: 18	Y: 17	Y: 49	Y: 11	Y: 95	Y: 47
K: 0	K: 0	K: 80	K: 0	K: 0	K: 76	K: 0	K: 0	K: 4	K: 0	K: 32	K: 0

6.3.8 步行空间照明

色彩调性： 凉爽、素雅、稳重、品质、随性、舒畅、放松、自由。

常用主题色：

CMYK:82,60,100,38　　CMYK:12,35,93,0　　CMYK:1,97,93,0　　CMYK:88,87,26,0　　CMYK:26,21,12,0　　CMYK:7,36,36,0

常用色彩搭配

CMYK: 1,47,46,0
CMYK: 58,52,53,1

橙红色搭配灰色，在颜色一深一浅中给人稳重、积极的色彩印象。

CMYK: 30,75,50,0
CMYK: 85,89,70,60

明度适中的红色具有优雅、高贵的色彩特征，搭配黑色增添了些许的稳重感。

CMYK: 44,71,91,5
CMYK: 36,47,78,0

棕色多给人素雅、压抑的感受，在同类色搭配中增强了空间的和谐统一性。

CMYK: 79,38,49,0
CMYK: 16,12,89,0

青色是一种具有古典气息的色彩，搭配亮黄色，在对比中十分引人注目。

配色速查

凉爽

CMYK: 54,0,3,0
CMYK: 84,53,0,0
CMYK: 13,10,11,0
CMYK: 54,33,77,0

素雅

CMYK: 83,61,64,19
CMYK: 15,46,71,0
CMYK: 53,47,53,0
CMYK: 11,11,15,0

稳重

CMYK: 35,86,66,1
CMYK: 79,26,38,0
CMYK: 56,38,100,0
CMYK: 21,16,15,0

品质

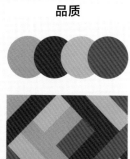

CMYK: 4,49,93,0
CMYK: 62,71,75,28
CMYK: 20,30,30,0
CMYK: 77,60,20,0

这是一款城市家具步行街设计。本项目的主题是利用废弃材料来制作一系列均等的、可重复使用的家具。而且以字母为造型的灯光为步行街提供了照明，同时又促进了品牌的宣传。

色彩点评

▨ 建筑上方的红色，以鲜艳的颜色吸引了人们的注意力，具有很好的引导效果。

▨ 字母造型的家具灯光，在夜晚的衬托下十分醒目。

CMYK: 89,88,89,79　CMYK: 3,100,100,0
CMYK: 20,11,13,0

推荐色彩搭配

C: 10	C: 85	C: 4	C: 48	C: 45	C: 23	C: 75	C: 54	C: 22	C: 0	C: 76	C: 13
M: 100	M: 89	M: 31	M: 55	M: 68	M: 18	M: 73	M: 15	M: 96	M: 44	M: 69	M: 17
Y: 100	Y: 90	Y: 98	Y: 47	Y: 91	Y: 14	Y: 56	Y: 28	Y: 93	Y: 78	Y: 63	Y: 22
K: 0	K: 77	K: 0	K: 0	K: 7	K: 0	K: 17	K: 0	K: 0	K: 0	K: 24	K: 0

这是一款广场设计。广场上丰富的活动带来川流不息的人群，相应的照明系统为其提供了充足的照明。

色彩点评

▨ 鲜艳的橙色以较高的明度给人活跃、积极的视觉感受。而且在不同纯度的变化中增强了空间的层次立体感。

▨ 少量青绿色的点缀，在鲜明的颜色对比中让广场十分引人注目。

CMYK: 100,93,56,11　CMYK: 33,16,95,0
CMYK: 0,86,82,0　CMYK: 0,42,81,0

色彩鲜艳的家具与别具一格的照明系统划分出尺度适中的聚会场所，而且长长的橘色走道串联起街道与会展中心的侧入口。

推荐色彩搭配

C: 46	C: 93	C: 18	C: 31	C: 11	C: 30	C: 96	C: 12	C: 8	C: 46	C: 37	C: 11
M: 58	M: 89	M: 18	M: 87	M: 66	M: 18	M: 73	M: 10	M: 24	M: 53	M: 18	M: 59
Y: 67	Y: 86	Y: 60	Y: 85	Y: 43	Y: 14	Y: 27	Y: 55	Y: 56	Y: 93	Y: 51	Y: 84
K: 1	K: 79	K: 0	K: 0	K: 0	K: 0	K: 0	K: 0	K: 0	K: 1	K: 0	K: 0

这是一款步行桥设计。宽阔的步行道如同一个悬空的狭长广场，成为高品质城市空间的延伸，而且夜晚的灯光为匆忙的行人提供了基本的照明。

色彩点评

- 步行桥以灰色为主，水泥钢筋材质给人稳固、坚硬的视觉感受，同时极具视觉稳定性。
- 橙色的灯光，中和了材质的坚硬感，同时也让行人一天的疲劳得到适当的缓解。

CMYK: 87,70,56,18   CMYK: 61,27,15,0
CMYK: 42,54,75,0

推荐色彩搭配

C: 20	C: 95	C: 83	C: 18
M: 40	M: 66	M: 82	M: 14
Y: 73	Y: 11	Y: 94	Y: 15
K: 0	K: 0	K: 74	K: 0

C: 47	C: 81	C: 5	C: 21
M: 44	M: 67	M: 24	M: 96
Y: 45	Y: 50	Y: 40	Y: 94
K: 0	K: 8	K: 0	K: 0

C: 36	C: 29	C: 91	C: 60
M: 72	M: 38	M: 64	M: 26
Y: 100	Y: 51	Y: 59	Y: 15
K: 2	K: 0	K: 17	K: 0

这是一款街道的照明设施设计。名为"恒星"的灯光装置由一个密集的蓝色曲线网络构成，伴随着镶嵌其中的点点"星光"，使整条街道看上去像是编织出来的夜空。

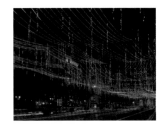

色彩点评

- 蓝色的灯光在黑夜的衬托下十分醒目，在闪烁之中极具视觉动感。
- 少量红色的点缀，在鲜明的颜色对比中为街道增添了一抹亮丽的色彩。

CMYK: 90,94,85,78 CMYK: 72,48,0,0
CMYK: 17,98,49,0

光的布置遵循星系的方向，通过若干条曼妙动人的蓝色线条在街上延展开来，使行人仿若置身于无引力的恒星自转环境中。

推荐色彩搭配

C: 19	C: 93	C: 47	C: 46
M: 16	M: 89	M: 51	M: 100
Y: 11	Y: 85	Y: 67	Y: 100
K: 0	K: 78	K: 0	K: 18

C: 100	C: 21	C: 22	C: 85
M: 75	M: 67	M: 18	M: 89
Y: 43	Y: 100	Y: 16	Y: 90
K: 5	K: 0	K: 0	K: 78

C: 78	C: 100	C: 15	C: 36
M: 15	M: 80	M: 11	M: 90
Y: 31	Y: 35	Y: 61	Y: 61
K: 0	K: 0	K: 0	K: 1

6.3.9 交通建筑照明

色彩调性： 精致、清新、品质、醒目、坚硬、稳重、单一、个性。
常用主题色：

CMYK:72,33,70,0　CMYK:67,66,55,9　CMYK:9,11,79,0　CMYK:16,22,30,0　CMYK:72,24,29,0　CMYK:29,23,22,0

常用色彩搭配

CMYK: 18,23,28,0
CMYK: 48,97,100,23

CMYK: 42,22,45,0
CMYK: 73,55,100,19

CMYK: 55,73,100,26
CMYK: 14,38,61,0

CMYK: 13,4,50,0
CMYK: 83,55,39,0

纯度偏低的棕色具有柔和、单一的色彩特征，搭配深红色增添了稳重与优雅。

绿色多给人生机与活力的视觉印象，在不同纯度的搭配中深受人们喜爱。

明度偏低的褐色具有压抑的色彩特征，搭配高明度的橙色进行了适当的缓和。

浅黄色以较低的纯度给人活跃、清新的感受，搭配深青色增添了些许的成熟感。

配色速查

精致	清新	品质	醒目

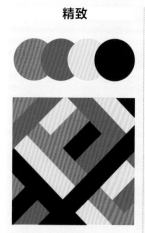  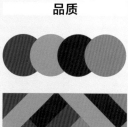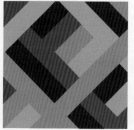 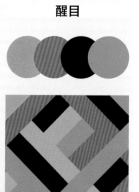

CMYK: 0,70,44,0
CMYK: 61,56,55,3
CMYK: 4,15,12,0
CMYK: 93,84,65,48

CMYK: 82,55,93,24
CMYK: 40,6,30,0
CMYK: 7,4,32,0
CMYK: 68,61,65,14

CMYK: 83,66,48,7
CMYK: 13,40,93,0
CMYK: 82,76,68,43
CMYK: 16,55,44,0

CMYK: 0,44,59,0
CMYK: 10,69,64,0
CMYK: 76,85,90,70
CMYK: 38,36,28,0

这是一款智能公交站设计。智能车站在巴士驶近时会发出声音和变换灯光，乘客再也不用时刻留意。而且悬吊的舱体使乘客可以轻松舒适地倚靠，并且不需要消耗能源。

色彩点评

- 蓝色的灯光，在不同明度以及纯度的变化中增强了空间的层次立体感，而且也很好地缓解了乘客的焦虑。
- 明亮的灯光，为乘客提供了充足的光源，同时提高了安全性。

CMYK: 73,53,0,0　　CMYK: 96,87,38,3
CMYK: 31,5,2,0

推荐色彩搭配

C: 87	C: 45	C: 79	C: 22	C: 89	C: 12	C: 44	C: 30	C: 0	C: 10	C: 98	C: 31
M: 53	M: 28	M: 76	M: 24	M: 81	M: 43	M: 75	M: 20	M: 21	M: 79	M: 70	M: 61
Y: 0	Y: 64	Y: 69	Y: 23	Y: 0	Y: 74	Y: 100	Y: 65	Y: 94	Y: 80	Y: 0	Y: 75
K: 0	K: 0	K: 42	K: 0	K: 0	K: 0	K: 7	K: 0	K: 0	K: 0	K: 0	K: 0

这是一款天桥设计。桥梁是一种工程结构，它能够将人从一个地点引至另一个地点。天桥的搭建为行人提供了便利，同时也具有很强的安全性。

色彩点评

- 黄色的柔和灯光，烘托了舒适、惬意的视觉氛围，为匆匆回家的行人带去一丝暖意。
- 深色的水泥以及金属，增强了整体的视觉稳定性。

CMYK: 91,87,90,79　CMYK: 48,68,100,10
CMYK: 7,21,88,0

桥梁上方的灯带，在夜晚时分为行人行走提供了基本的照明。当在桥上远眺时，给人一种放松、开阔的视觉感受。

推荐色彩搭配

C: 0	C: 42	C: 93	C: 7	C: 19	C: 73	C: 7	C: 89	C: 85	C: 33	C: 32	C: 4
M: 46	M: 63	M: 89	M: 16	M: 18	M: 24	M: 9	M: 86	M: 42	M: 24	M: 84	M: 14
Y: 67	Y: 84	Y: 88	Y: 67	Y: 11	Y: 71	Y: 84	Y: 84	Y: 53	Y: 24	Y: 100	Y: 88
K: 0	K: 2	K: 80	K: 0	K: 0	K: 0	K: 0	K: 75	K: 0	K: 0	K: 1	K: 0

这是一款粉色步行桥设计。该步行桥上方铺了亮丽而耀眼的粉色树脂颗粒，以打破传统的方式极具现代感。而且上方的荧光灯，为行人提供了便利，十分引人注目。

色彩点评

- ◩ 整个步行桥以粉色为主，以较高的明度营造了绚丽、个性的视觉氛围。
- ◩ 在桥梁两侧护栏的紫色荧光灯与粉色相呼应，在对比中极具时尚气息。

CMYK: 93,89,85,78　　CMYK: 5,85,3,0
CMYK: 50,91,0,0

推荐色彩搭配

C: 48	C: 89	C: 62	C: 95
M: 89	M: 44	M: 25	M: 92
Y: 0	Y: 45	Y: 95	Y: 82
K: 0	K: 0	K: 0	K: 76

C: 26	C: 42	C: 82	C: 16
M: 75	M: 33	M: 67	M: 11
Y: 65	Y: 35	Y: 86	Y: 49
K: 0	K: 0	K: 49	K: 0

C: 0	C: 96	C: 39	C: 56
M: 10	M: 92	M: 44	M: 96
Y: 90	Y: 80	Y: 45	Y: 0
K: 0	K: 74	K: 0	K: 0

这是一款车站设计。车站的顶棚满足了高性能公共基础设施的各项要求，专门的人行道与自行车道在为乘客提供便利的同时，保护其安全。

色彩点评

- ◼ 车站以明度和纯度适中的橙黄色为主，营造了柔和、温馨的视觉氛围。
- ◼ 明度偏高的橙色与黄色的运用，在鲜明的颜色对比中十分引人注目。

CMYK: 11,26,59,0　　CMYK: 28,92,100,0
CMYK: 77,75,96,61

错落有致的路灯，为乘客上、下车提供了充足的照明，而且柔和的灯光也为冰冷的夜晚增添了一丝暖意。

推荐色彩搭配

C: 11	C: 53	C: 93	C: 30
M: 83	M: 10	M: 89	M: 46
Y: 74	Y: 33	Y: 87	Y: 54
K: 0	K: 0	K: 79	K: 0

C: 74	C: 18	C: 82	C: 8
M: 64	M: 71	M: 40	M: 20
Y: 49	Y: 40	Y: 18	Y: 59
K: 5	K: 0	K: 0	K: 0

C: 17	C: 86	C: 28	C: 20
M: 29	M: 55	M: 16	M: 65
Y: 33	Y: 100	Y: 12	Y: 100
K: 0	K: 27	K: 0	K: 0

6.3.10　酒店空间照明

色彩调性： 复古、简约、明亮、强烈、通透、时尚、放松、惬意。

常用主题色：

CMYK:57,4,18,0　CMYK:48,100,100,24　CMYK:15,36,37,0　CMYK:82,70,47,7　CMYK:4,28,62,0　CMYK:82,39,45,0

常用色彩搭配

CMYK: 7,28,53,0 / CMYK: 73,29,7,0　CMYK: 79,76,40,2 / CMYK: 26,9,25,0　CMYK: 39,61,74,1 / CMYK: 9,39,92,0　CMYK: 90,54,100,26 / CMYK: 21,16,15,0

浅橙色的纯度偏高，给人柔和、温馨的印象，搭配蓝色增添了理性与稳重。

低明度的紫色具有神秘与压抑之感，搭配明度适中的青灰色具有中和效果。

棕色是稳重、优雅的色彩，搭配橙色，在同类色对比中极具统一和谐感。

墨绿色具有高贵、成熟的色彩特征，搭配无彩色的灰色让这种氛围更加浓厚。

配色速查

复古　**简约**　**明亮**　**强烈**

CMYK: 40,100,100,6 / 34,.57,62,0 / 66,33,49,0 / 50,51,73,1　　CMYK: 20,15,13,0 / 76,70,62,25 / 15,15,57,0 / 40,67,87,2　　CMYK: 50,0,6,0 / 5,8,53,0 / 79,77,70,46 / 0,45,48,0　　CMYK: 0,85,62,0 / 52,31,93,0 / 0,56,81,0 / 84,76,68,44

这是一款美术馆酒店设计。将著名艺术家的画作以壁画的形式进行呈现，为客人提供美的享受。而且大型落地窗加强了室内外的联系，天花板上方的灯带，则保证了室内的充足照明。

色彩点评

■ 空间以明度适中的青色为主，在与橙色、黄色等色彩的对比中，给人鲜活、积极的视觉感受。

■ 深棕色的木质地板，中和了颜色的跳跃性，增强了整体的视觉稳定性。

CMYK: 50,68,88,11 | CMYK: 64,22,33,0
CMYK: 1,59,89,0 | CMYK: 3,24,91,0

推荐色彩搭配

C: 22	C: 80	C: 15	C: 44	C: 0	C: 16	C: 73	C: 33	C: 88	C: 0	C: 0	C: 49
M: 17	M: 64	M: 55	M: 100	M: 33	M: 74	M: 25	M: 30	M: 80	M: 29	M: 57	M: 40
Y: 24	Y: 39	Y: 73	Y: 100	Y: 67	Y: 100	Y: 0	Y: 39	Y: 67	Y: 53	Y: 85	Y: 90
K: 0	K: 1	K: 0	K: 17	K: 0	K: 0	K: 0	K: 0	K: 47	K: 0	K: 0	K: 0

这是一款酒店设计。庭院中被绿植环绕的休息区，给人放松、舒适的感受；宽阔的露台，让客人将室外美景尽收眼底。

色彩点评

■ 庭院中大面积原木色的运用，为空间增添了些许的柔和气息，让客人有一种回家的放松心情。

■ 高明度的蓝色泳池，在灯光的照射下十分醒目。

CMYK: 55,62,75,9 | CMYK: 56,47,100,3
CMYK: 7,21,54,0 | CMYK: 83,64,0,0

庭院中高低错落的灯带，提供了充足的照明，保证了客人行走的安全，而且也具有很强的装饰效果。

推荐色彩搭配

C: 44	C: 13	C: 73	C: 13	C: 22	C: 88	C: 9	C: 86	C: 47	C: 23	C: 31	C: 81
M: 54	M: 33	M: 58	M: 18	M: 15	M: 73	M: 16	M: 78	M: 42	M: 25	M: 55	M: 43
Y: 84	Y: 26	Y: 100	Y: 54	Y: 22	Y: 0	Y: 36	Y: 72	Y: 100	Y: 26	Y: 94	Y: 58
K: 0	K: 0	K: 24	K: 0	K: 0	K: 0	K: 0	K: 53	K: 0	K: 0	K: 0	K: 1

这是一款酒店的大厅设计。大厅宽阔的空间与华丽的装饰凸显出酒店的精致与奢华，极大程度地提升了客人的入住欲望。造型独特的天花板以及吊灯，为空间提供了充足的照明，同时极具装饰效果。

色彩点评

◼ 大厅以原木色为主，以偏高的纯度给人柔和、简约的视觉感受。

◼ 少量深色的点缀，中和了浅色的轻飘感，增强了整体的视觉稳定性。

CMYK: 35,38,50,0　　CMYK: 25,19,18,0
CMYK: 4,8,11,0　　　CMYK: 91,82,27,0

推荐色彩搭配

C: 95	C: 24	C: 82	C: 22
M: 82	M: 28	M: 84	M: 18
Y: 48	Y: 80	Y: 89	Y: 26
K: 13	K: 0	K: 72	K: 0

C: 40	C: 45	C: 26	C: 95
M: 51	M: 100	M: 20	M: 54
Y: 59	Y: 100	Y: 25	Y: 85
K: 0	K: 22	K: 0	K: 22

C: 82	C: 32	C: 82	C: 42
M: 57	M: 18	M: 78	M: 53
Y: 85	Y: 23	Y: 37	Y: 75
K: 25	K: 0	K: 2	K: 0

这是一款酒店休息室设计。在休息室木质天花板中缠绕的绿植，为空间增添了浓浓的生机与活力，而且简易的桌椅，为客人休息带去了便利。

CMYK: 85,70,44,5　　CMYK: 91,87,90,79
CMYK: 31,44,85,0

色彩点评

◼ 空间以暗色调为主，以适中的明度营造了一个放松的休息环境。

◼ 柔和的橙色灯光，既保证了基本的照明，又具有舒缓顾客身心的作用。

休息室中的灯带，为客人提供了充足的照明。而且柔和的灯光对视力具有很好的保护效果，同时营造了一个温馨、柔和的氛围。

推荐色彩搭配

C: 63	C: 33	C: 55	C: 30
M: 40	M: 24	M: 71	M: 60
Y: 34	Y: 49	Y: 100	Y: 100
K: 0	K: 0	K: 22	K: 0

C: 93	C: 4	C: 27	C: 84
M: 89	M: 40	M: 27	M: 58
Y: 88	Y: 100	Y: 20	Y: 20
K: 80	K: 0	K: 0	K: 0

C: 17	C: 93	C: 18	C: 73
M: 38	M: 88	M: 47	M: 60
Y: 67	Y: 89	Y: 42	Y: 100
K: 0	K: 80	K: 0	K: 31

第7章
- - - - - - - - - - - - - - - -
环境艺术设计的
经典技巧
- - - - - - - - - - - - - - - -

　　在进行环境艺术设计时，除了遵循色彩的基本搭配常识之外，还应该注意很多技巧。如与居住者的喜好相结合、运用撞色增强视觉冲击力、巧用绿植进行空间点缀、运用灯具增强空间感与立体感等。在本章中将为大家讲解一些常用的环境艺术设计技巧。

7.1 与居住者的喜好相结合

　　房子的建造就是为了给人居住，因此在进行相关的室内设计时，要以居住者的喜好为总的出发点。房子不仅仅是一个住所，还承载着很多的感情与回忆。每个人的喜好是千差万别的，不能自以为是地进行随意设计。

　　这是临海小渔屋餐厅的设计。餐厅采用了海洋不断变化的色彩为设计元素，让整个空间在清澈的蓝色里凸显安详，同时伴随着阳光展现其悦动的活力。特别是少量橙色的点缀，以较高的明度营造了活跃、积极的视觉氛围。

CMYK: 9,16,15,0
CMYK: 44,17,51,0
CMYK: 6,36,100,0
CMYK: 71,27,9,0

推荐配色方案

CMYK: 84,53,46,1　　CMYK: 38,52,65,0
CMYK: 52,21,60,0　　CMYK: 7,24,71,0

CMYK: 0,29,89,0　　CMYK: 58,49,42,0
CMYK: 93,72,0,0　　CMYK: 25,73,57,0

　　这是一款卧室设计。以L形呈现的木质床榻，既保证了整体的舒适度，又提高了空间利用率。卧室整体以灰色为基调，无彩色的运用尽显居住者的低调与精致。浅色木质拼贴地板的运用，为空间增添了些许的柔和气息。

CMYK: 75,71,60,20
CMYK: 25,27,28,0
CMYK: 41,42,35,0

推荐配色方案

CMYK: 42,79,91,7　　CMYK: 30,22,25,0
CMYK: 44,50,59,0　　CMYK: 69,60,63,12

CMYK: 58,38,48,0　　CMYK: 16,38,29,0
CMYK: 48,48,45,0　　CMYK: 30,40,51,0

　　我们都知道不同的颜色具有不同的色彩情感，将其进行合理搭配，可以产生不同的效果，特别是对比比较强烈的色彩，极具视觉吸引力。在进行设计时，运用撞色虽然具有视觉冲击力，但在一定程度上也会让受众产生视觉疲劳。因此，要根据实际情况，将颜色进行合理搭配。

　　这是一款咖啡馆空间设计。在有限的空间内整齐摆放的餐桌椅，给人整洁、有序的印象。咖啡馆整体以无彩色为主色调，少量红色、黄色以及蓝色的点缀，在鲜明的颜色对比中极具视觉冲击力，凸显出咖啡馆的时尚与个性。

CMYK: 35,37,36,0
CMYK: 3,7,84,0
CMYK: 0,94,67,0
CMYK: 77,48,0,0

推荐配色方案

CMYK: 98,89,0,0　　　CMYK: 13,9,93,0
CMYK: 87,89,98,78　　CMYK: 41,100,100,12

CMYK: 71,20,47,0　　CMYK: 36,100,100,4
CMYK: 7,24,42,0　　　CMYK: 49,40,38,0

　　这是一款家居餐厅设计。整个餐厅设计简洁大方，凸显出居住者简约、大方的生活方式。而木质纹理的橱柜与餐桌，又营造了家的温馨之感。特别是红色鲜花与绿色坐垫的点缀，在鲜明的颜色对比中给人清新、自然的印象。

CMYK: 36,43,60,0
CMYK: 92,87,78,69
CMYK: 61,45,90,2
CMYK: 1,95,100,0

推荐配色方案

CMYK: 38,100,100,5　CMYK: 71,13,12,0
CMYK: 51,56,71,3　　CMYK: 95,90,73,64

CMYK: 62,0,33,0　　　CMYK: 0,69,60,0
CMYK: 79,80,84,64　　CMYK: 30,38,43,0

7.3 巧用无彩色提升空间格调

　　无彩色虽然没有有彩色那么绚烂多彩，但其具有的稳重、雅致、成熟等特性，可以很好地提升空间格调。在进行设计时，对于无彩色的运用要慎重，大面积使用有时会给人压抑、郁闷的印象。此时可以通过添加有彩色进行适当的中和，或者减少其在空间中的面积。

　　这是一款厨房设计。整个空间以极具质感的黑色橱柜与吧台作为主体对象，尽显居者精致、大气的品质格调。白色餐具的摆放，丰富了橱柜的细节效果，同时也提高了视觉亮度。特别是少量绿植的点缀，为空间增添了生机与活力。

CMYK: 93,90,85,78
CMYK: 51,40,35,0
CMYK: 56,24,100,0
CMYK: 18,26,44,0

推荐配色方案

CMYK: 51,46,44,0　　CMYK: 30,22,25,0
CMYK: 84,62,50,5　　CMYK: 93,88,89,80

CMYK: 34,31,35,0　　CMYK: 89,82,93,76
CMYK: 62,25,78,0　　CMYK: 52,61,69,5

　　这是一款厨房设计。将精心打造的橱柜作为呈现主体对象，给人精致优雅的视觉印象。一个赏心悦目的厨房不仅可以让人享受做饭的成就感，也能够缓解人工作一天的疲劳。无彩色虽然缺少了一些色彩的艳丽，但是独具格调与内涵。

CMYK: 93,88,89,80
CMYK: 67,57,49,2
CMYK: 44,53,69,0

推荐配色方案

CMYK: 69,54,47,1　　CMYK: 5,8,86,0
CMYK: 94,85,80,69　　CMYK: 23,31,39,0

CMYK: 52,42,38,0　　CMYK: 11,16,27,0
CMYK: 82,76,67,41　　CMYK: 72,48,98,7

我们都知道空间是有限的，在进行设计时要将空间进行合理分割。就拿室内空间来说，其中包括客厅、厨房、餐厅、卧室、卫浴等不同的部分。在进行分割设计时，不是说只能用水泥、木质等材料的墙体，其中一些具有分割效果的屏风、隔栏等都是不错的选择。

这是一款厨房设计。整个空间以轻巧的木质结构为主，营造了温馨的视觉氛围。特别是旋转玻璃门的设计，将空间进行很好的分割。这样既可以加强与外界的联系，又不会让做饭的油烟四处乱窜。

CMYK: 27,38,58,0
CMYK: 51,54,58,0
CMYK: 6,59,67,0

推荐配色方案

CMYK: 10,58,95,0   CMYK: 95,53,67,11
CMYK: 31,23,23,0   CMYK: 81,70,59,22

CMYK: 34,18,22,0   CMYK: 29,46,62,0
CMYK: 98,70,98,62   CMYK: 42,29,44,0

这是一款公寓设计。将一个底部悬空的黑色置物架作为客厅与厨房的分割点，同时也可以作为一个简易的吧台进行使用，极具创意感。整个空间以浅色为主，红色、黄色等色彩的运用，在鲜明的颜色对比中为单调的空间增添了活力与动感。

CMYK: 28,37,27,0
CMYK: 87,79,82,65
CMYK: 13,13,76,0
CMYK: 34,94,86,2

推荐配色方案

CMYK: 48,52,70,1   CMYK: 12,24,14,0
CMYK: 31,82,79,0   CMYK: 98,86,12,0

CMYK: 84,80,69,50   CMYK: 15,100,100,0
CMYK: 14,16,46,0   CMYK: 53,33,65,0

7.5 运用简单柔和的色调

随着社会的不断发展，人们的生活节奏也逐步加快，因此，一些具有柔和、舒缓效果的设计越来越受到人们的青睐。在进行设计时，运用简单柔和的色调，不仅可以让居住者在一天的工作之后得到放松，也可以很好地缓解视觉疲劳。

这是一款客厅设计。将一个浅绿色沙发作为客厅主体对象，在原木色的衬托下尽显自然、清新之感，仿佛所有的劳累与烦恼都一扫而光。落地窗的设计，让阳光可以最大限度地照进室内，给人通透、舒畅的感受。

CMYK: 25,35,38,0
CMYK: 40,13,46,0
CMYK: 21,17,13,0

推荐配色方案

CMYK: 48,22,31,0   CMYK: 15,49,42,0
CMYK: 12,15,24,0   CMYK: 36,38,38,0

CMYK: 19,64,56,0   CMYK: 41,29,46,0
CMYK: 40,56,66,0   CMYK: 16,13,13,0

这是柔和浪漫的粉色卫浴设计。卫浴中柱状洗水池的放置，以打破传统的方式凸显出居住者的格调与喜好。大面积粉色的运用，极具柔和、温馨的气息。灰色的大理石墙面和地板，很好地增强了视觉稳定性。角落中绿植的点缀，具有很强的生机与活力。

CMYK: 7,33,13,0
CMYK: 38,31,21,0
CMYK: 89,56,0,0
CMYK: 55,17,93,0

推荐配色方案

CMYK: 73,25,100,0   CMYK: 42,24,21,0
CMYK: 11,24,20,0   CMYK: 73,35,6,0

CMYK: 15,25,28,0   CMYK: 40,83,89,4
CMYK: 47,16,51,0   CMYK: 22,16,15,0

　　绿植可以带给人们生机与活力，加强与大自然的联系。在空间中摆放合适的绿植，不仅可以舒缓居住者的心情与压力，也可以让空气得到一定的净化。需要注意的是，绿植虽然有较多的好处，但要适当摆放，不然会弄巧成拙。

　　这是一款厨房设计。整个厨房空间较大，所有的家具陈设给人奢华、高贵的视觉印象。深灰色的运用，让这种氛围更加浓厚。特别是少量绿植的点缀，为单调、空旷的厨房增添了一些生机与活力。

CMYK: 69,60,62,11
CMYK: 42,34,35,0
CMYK: 70,34,74,0

推荐配色方案

CMYK: 84,80,71,53　CMYK: 55,36,74,0
CMYK: 78,38,80,1　CMYK: 38,35,49,0

CMYK: 47,20,55,0　CMYK: 75,64,60,15
CMYK: 45,55,71,1　CMYK: 13,15,14,0

　　这是一款餐厅设计。整个餐厅以木质桌椅、背景墙作为主体对象，为用餐者营造了一个舒缓、柔和的就餐环境。在墙上的绿植不仅节省了空间，缓解人们的视觉疲劳，也凸显了餐厅注重食品安全、天然的经营理念。

CMYK: 33,45,60,0
CMYK: 14,14,8,0
CMYK: 75,50,89,11

推荐配色方案

CMYK: 57,44,24,0　CMYK: 45,60,100,3
CMYK: 68,49,94,8　CMYK: 16,30,36,0

CMYK: 65,34,35,0　CMYK: 30,45,40,0
CMYK: 23,34,35,0　CMYK: 55,22,93,0

7.7 注重整体效果的艺术性

随着社会的不断发展，人们除了追求基本的生活之外，更加注重精神层面的享受。因此在进行相关的设计时，一定要注重整体效果的艺术性。这样不仅可以为受众带去视觉享受，同时也促进了品牌的宣传与推广。

这是一款客厅设计。整个客厅设计简约大方，尽显法式软装的优雅与从容。特别是圆形吊灯的设计，在球体不同大小的变化中，具有很强的层次立体感。整体用色较为柔和，在对比中极具视觉艺术性。

CMYK: 26,34,33,0
CMYK: 53,74,59,6
CMYK: 9,55,60,0
CMYK: 83,58,42,0

推荐配色方案

CMYK: 16,11,15,0　CMYK: 37,40,58,0
CMYK: 42,76,100,6　CMYK: 58,33,44,0

CMYK: 35,49,58,0　CMYK: 41,67,51,0
CMYK: 24,27,26,0　CMYK: 84,89,90,76

这是一款公寓客厅设计。客厅以低背现代沙发和简约圆形茶几的简单布局为主，具有很强的装饰效果与视觉艺术性。空间以灰色为主，无彩色的运用尽显居住者追求精致、极简的生活理念。

CMYK: 29,25,30,0
CMYK: 43,37,34,0
CMYK: 66,58,58,6

推荐配色方案

CMYK: 45,7,32,0　　CMYK: 80,75,70,43
CMYK: 17,23,17,0　CMYK: 54,61,63,4

CMYK: 93,88,89,80　CMYK: 18,20,24,0
CMYK: 31,100,100,1　CMYK: 36,28,25,0

在设计时运用对比，不是简单的色彩对比，其中还包括物件大小、比例等方面的对比。比如说，大的壁画就比小一些的壁画具有更强的视觉吸引力。但并不是说越大越好，整体视觉效果也要符合空间格调与视觉氛围。

这是一款住宅设计。空间中干燥棕榈叶组成的植物装饰、木质地板、巴西石面板的餐桌及草编悬挂装饰，营造出轻盈、细腻且平和的视觉氛围。同时在不同大小的对比中，让空间极具视觉韵律感。

CMYK：62,67,84,26
CMYK：62,45,76,2
CMYK：7,33,69,0

推荐配色方案

CMYK：22,31,39,0　　CMYK：55,40,78,0
CMYK：77,75,77,50　CMYK：42,15,25,0

CMYK：58,34,46,0　　CMYK：11,43,27,0
CMYK：43,35,36,0　　CMYK：65,78,96,50

这是精致简约的现代住宅餐厅设计。整个餐厅设计简约、精致，营造了温暖、宁静的居家氛围。特别是在天花板上的锥形吊灯，以较大的比例十分引人注目；而且与其他物件形成鲜明对比，具有很强的视觉韵律感。

CMYK：45,47,49,0
CMYK：32,27,29,0
CMYK：91,88,89,80

推荐配色方案

CMYK：36,56,67,0　　CMYK：84,82,78,63
CMYK：36,31,26,0　　CMYK：18,14,16,0

CMYK：63,30,25,0　　CMYK：84,84,93,74
CMYK：4,53,100,0　　CMYK：69,58,49,2

7.9　巧用墙面陈设
丰富细节效果

在室内设计中除了基本的家具摆设之外，墙面陈设也是必不可少的，比如说，壁画、悬挂灯具以及一些小的装饰物件等。运用墙面陈设不仅可以增强空间艺术性，也可以丰富整个空间的细节效果。

这是一个单身小公寓的室内墙体设计。将一个散发时尚气息的壁画作为墙体装饰物件，凸显出居住者的独特审美，十分引人注目。而且背景墙以不同的颜色进行呈现，在颜色一深一浅中具有很强的视觉动感。

CMYK：56,47,47,0
CMYK：38,61,64,0
CMYK：22,18,25,0

推荐配色方案

CMYK：40,63,100,1　CMYK：26,31,80,0
CMYK：95,91,82,76　CMYK：26,20,18,0

CMYK：95,91,84,77　CMYK：23,41,55,0
CMYK：16,55,44,0　　CMYK：56,55,56,2

这是一款住宅空间设计。将一个造型独特的壁画作为墙体装饰元素，极具视觉冲击力。而且红色以及青色的运用，在鲜明的颜色对比中打破了水泥墙体的枯燥与呆板。落地窗的设计让更多的阳光照射进来，营造了舒适、明亮的视觉氛围。

CMYK：47,43,45,0
CMYK：7,62,56,0
CMYK：58,10,10,0

推荐配色方案

CMYK：7,63,62,0　　CMYK：93,88,89,80
CMYK：33,25,22,0　CMYK：56,36,39,0

CMYK：82,58,11,0　CMYK：45,45,52,0
CMYK：15,36,33,0　CMYK：70,58,62,9

在室内设计中灯具不仅具有照明的作用，而且具有很强的装饰效果，可以增强空间感与立体感。由于灯具的大小与形状各不相同，带给人的视觉感受也不一样。因此，在运用灯具进行装饰时，要与整体的装修风格相一致。

这是一款厨房设计。在餐厅顶部呈现的圆形吊灯，不仅满足了餐厅的照明需求，同时具有很强的装饰效果，极具视觉立体感和空间感。整个餐厅以浅色为主，在原木色的共同作用下，营造了温馨、柔和的氛围。

CMYK：29,23,23,0
CMYK：38,40,49,0
CMYK：100,96,63,45

推荐配色方案

CMYK：69,67,69,25   CMYK：20,40,46,0
CMYK：65,47,100,4   CMYK：94,90,84,78

CMYK：18,62,67,0   CMYK：15,16,22,0
CMYK：51,93,100,32   CMYK：78,7,60,0

这是一款小公寓的客厅设计。整个客厅设计非常简约、大方，既具有时尚雅致的气息，又不乏家的温馨与浪漫，特别是顶部白色吊灯的装饰，让整个空间具有很强的艺术性。少量青色以及橙色的点缀，在鲜明的颜色对比中极具视觉冲击力。

CMYK：35,30,29,0
CMYK：53,0,14,0
CMYK：5,40,42,0

推荐配色方案

CMYK：63,0,18,0   CMYK：91,47,51,1
CMYK：40,40,43,0   CMYK：87,82,82,70

CMYK：67,40,56,0   CMYK：16,36,49,0
CMYK：24,59,32,0   CMYK：86,47,47,0

7.11 巧用玻璃增强
视觉延展性

玻璃是非常好用的装饰材料，不仅可以作为装饰性元素，也可以作为窗户、门等的一部分，将外面景色尽收眼底，具有很强的视觉延展性与通透性。

这是一款豪华别墅餐厅设计。运用白色大理石作为灶台台面，不仅凸显出空间的精致格调，也非常容易进行清理。巨大落地窗的设计，可以让就餐者观赏到庭院中的优美风景，营造舒畅、通透的就餐环境。

CMYK: 28,18,15,0
CMYK: 54,59,87,9
CMYK: 69,35,75,0
CMYK: 71,27,16,0

推荐配色方案

CMYK: 91,65,100,54　CMYK: 56,13,64,0
CMYK: 38,13,40,0　　CMYK: 79,70,65,29

CMYK: 24,33,43,0　CMYK: 58,66,86,20
CMYK: 41,15,43,0　CMYK: 59,57,56,0

这是一款窗台设计。整个窗台由巨大的玻璃构成，这样可以让窗外的阳光与风景进入室内，让整个房间十分通透明亮。而且内部宽平台的设计，为儿童娱乐、大人休闲等提供了便利，特别是绿植背景墙的运用，给人生机、活力的印象。

CMYK: 56,46,39,0
CMYK: 38,59,100,0
CMYK: 77,44,100,5

推荐配色方案

CMYK: 30,76,49,0　CMYK: 93,89,88,80
CMYK: 19,14,67,0　CMYK: 76,45,82,5

CMYK: 46,27,18,0　CMYK: 87,78,45,8
CMYK: 5,53,13,0　　CMYK: 77,26,54,0

相对于暖色调的柔和、奔放来说，冷色调具有距离、压抑等色彩特征。但在进行设计时，适当运用冷色调可以起到理性、镇静的作用。比如说，在医院运用蓝色、青色等冷色调，可以很好地缓解患者的疼痛感。

这是一款牙科诊所设计。诊所将2884根木条行走于天花板和墙壁之间，贯穿在整个空间里，表达了"美丽笑容"的设计理念。青色和白色的组合营造了平静舒缓的内部氛围，而棕色、绿色和深蓝色的点缀，在对比中增添了趣味性。

CMYK: 55,7,24,0
CMYK: 87,58,100,37
CMYK: 49,75,92,14
CMYK: 100,86,33,0

推荐配色方案

CMYK: 85,39,73,1   CMYK: 89,87,90,78
CMYK: 37,75,76,1   CMYK: 52,2,24,0

CMYK: 100,87,24,0   CMYK: 69,45,68,2
CMYK: 36,44,46,0   CMYK: 22,11,5,0

这是一款医疗研究所的环境设计。将整个空间进行合理分割，呈现各种尺寸和形式的会面空间，在保证自由、开阔的情况下，又具有很强的免干扰效果。深蓝色的运用，以较低的纯度给人稳重、理智的印象，对缓解工作中的疲劳有积极作用。

CMYK: 53,44,40,0
CMYK: 32,28,35,0
CMYK: 85,75,31,0

推荐配色方案

CMYK: 87,54,18,0   CMYK: 25,21,48,0
CMYK: 13,56,98,0   CMYK: 89,73,42,4

CMYK: 81,53,82,18   CMYK: 25,36,81,0
CMYK: 100,94,35,0   CMYK: 49,44,56,0

7.13 巧用照明渲染
空间氛围

灯具除了基本的照明作用之外，也可以很好地渲染空间氛围。比如说，为了解决老人起夜或者孩子睡觉害怕等问题，可以运用较为柔和的照明，这样不仅不会影响正常的睡眠，同时也让问题得到很好的解决。

这是一款温暖又温馨的现代家居卫浴设计。整个空间以原木色为主色调，营造了温馨、柔和的视觉氛围，适当灯具的摆设，一方面为居住者使用提供了基本的照明；另一方面尽显空间的奢华和休闲感。

CMYK: 54,62,73,8
CMYK: 13,13,18,0
CMYK: 89,87,89,78

推荐配色方案

CMYK: 34,59,100,0　CMYK: 15,8,7,0
CMYK: 81,65,50,7　CMYK: 38,19,50,0

CMYK: 100,80,59,30　CMYK: 6,11,77,0
CMYK: 47,24,100,0　CMYK: 47,62,79,4

这是一款厨房设计。整体以木质作为家居材料，营造了温馨舒适又十分惬意的视觉氛围，同时在适当照明的烘托下，这种氛围显得更加浓厚。厨房左侧大玻璃窗的设计，加强了与室外的联系，极具视觉延展性。

CMYK: 47,78,100,13
CMYK: 5,48,83,0
CMYK: 38,11,11,0

推荐配色方案

CMYK: 39,48,64,0　CMYK: 10,13,62,0
CMYK: 65,45,81,2　CMYK: 13,54,55,0

CMYK: 62,58,56,4　CMYK: 36,46,57,0
CMYK: 24,44,100,0　CMYK: 13,10,13,0

　　原木色是木材本身的颜色，具有柔和、温馨的色彩特征。在室内设计中运用原木色，可以营造一个宁静、放松的生活空间。但由于其色调较为单调，在运用时可以与其他颜色相结合，为空间增添一些活跃与生机。

　　这是一款现代公寓的厨房设计。厨房家具以原木材料为主，营造了温馨、柔和的就餐氛围，让人尽情享受食物带来的美味。灰色系的地毯和沙发，尽显整个空间的低调与简约。一抹黄绿色以及橙色的点缀，为空间增添些许的清新与活力。

176

CMYK: 20,37,54,0
CMYK: 36,49,62,0
CMYK: 4,54,82,0

CMYK: 25,61,78,0　CMYK: 51,13,22,0
CMYK: 79,84,95,72　CMYK: 27,83,69,0

CMYK: 27,58,89,0　CMYK: 24,20,18,0
CMYK: 80,36,95,0　CMYK: 91,88,89,80

　　这是一款极简公寓的厨房改造设计。整个厨房采用浅色原木作为装饰材料，以原木色给人柔和、温馨的视觉印象。纯度偏低的深棕色木质地板，很好地增强了空间的视觉稳定性。橱柜中的餐具陈设，丰富了整体的细节效果。

CMYK: 18,29,33,0
CMYK: 43,65,78,3
CMYK: 36,27,29,0
CMYK: 78,78,82,60

CMYK: 44,64,93,4　CMYK: 5,41,35,0
CMYK: 64,58,49,1　CMYK: 25,9,78,0

CMYK: 67,24,31,0　CMYK: 29,36,44,0
CMYK: 93,89,85,77　CMYK: 44,75,93,7

金属给人的直观印象就是坚硬、稳重、压抑，有时候并不受人们喜爱。但是，在设计时如果合理运用金属元素，可以提升空间的格调与品质，收获意想不到的效果。在运用金属元素时要注意金属的颜色、外形、状态等，使其与整体的设计风格相一致。

这是一款现代家居的鞋架设计。整个鞋架由金属框架搭构而成，不仅保证了整体的稳定性，又极具质感，凸显出居住者奢华、精致的生活格调。鞋架的隔板以原木材料为主，适当中和了金属的冰冷与坚硬。

CMYK: 82,85,93,75
CMYK: 34,61,83,0
CMYK: 31,93,95,0

推荐配色方案

CMYK: 89,83,92,76　CMYK: 64,25,34,0
CMYK: 38,39,51,0　　CMYK: 8,79,56,0

CMYK: 42,24,23,0　CMYK: 33,45,100,0
CMYK: 61,24,10,0　CMYK: 89,88,90,78

这是一款小公寓的简易餐厅设计。以圆形金属桌椅作为餐厅主体对象，既为用餐者提供了便利，又节省了空间。整个餐厅以灰色为主色调，营造了简约、精致的视觉氛围。少量黑色以及深红色的点缀，让空间格调瞬间得到提升。

CMYK: 26,18,18,0
CMYK: 90,87,89,79
CMYK: 50,75,60,5

推荐配色方案

CMYK: 89,85,91,78　CMYK: 30,88,47,0
CMYK: 18,24,91,0　　CMYK: 84,33,51,0

CMYK: 14,47,48,0　CMYK: 77,80,75,55
CMYK: 30,21,26,0　CMYK: 68,34,69,0